Les *Éloges* de Fontenelle

Acteurs de la Science

Fondée par Richard Moreau,
professeur honoraire à l'Université de Paris XII
Dirigée par Claude Brezinski et Roger Teyssou

La collection Acteurs de la Science est consacrée à des études sur les acteurs de l'épopée scientifique moderne ; à des inédits et à des réimpressions de mémoires scientifiques anciens ; à des textes consacrés en leur temps à de grands savants par leurs pairs ; à des évaluations sur les découvertes les plus marquantes et la pratique de la Science.

Dernières parutions

Benoît LINEL, *Le docteur Vitalien. Le médecin de Ménélik II*, 2020.
Joël MARCOVITCH, *L'embryon, mémoire de l'humanité*, 2020.
Christiane VILAIN, *Où va la physique ? De la physique mécaniste à quelques élaborations contemporaines,* 2019
Vincent LAFORGE, *La chair et le plomb*, 2019.
Jean-Yves DE LA CAFFINIÈRE, *Robert Merle d'Aubigné, Chirurgien bâtisseur (1900-1989),* 2019.
Roger TEYSSOU, *Théodore Tronchin et la grande aventure de l'inoculation de la variole*, 2019.
Sofiane BOUHDIBA, *Le côté obscur de la médecine. Mauvais médecins et médecins mauvais, de l'Antiquité à nos jours*, 2019.
Daniel BOIS, *L'information aux sources de la science*, 2019.
Alexandru MARINESCU, *Le voyage de la « Belgica », Premier hivernage dans les glaces antarctiques,* 2019.
Franck CANOREL, *Contribution à l'histoire sociale des poisons. Le Ginger Jake*, 2018.
Tithnara SUN, *Les mots de la pharmacie, Une histoire linguistique de la pharmacie,* 2018.
Roger TEYSSOU, *Nouveau dictionnaire mémorable des remèdes d'autrefois,* 2018.
Jean-Paul WALCH, *Naissance de la chimie*, 2018.
AMIC, *Le temps, Une approche interdisciplinaire,* 2018.

Claudio Grimaldi

Les *Éloges* de Fontenelle

La création du discours sur la science

L'Harmattan

Du même auteur

2015, *Parcours de langue et culture françaises au XXIe siècle*, Napoli, Edizioni Scientifiche Italiane.

2017, *Discours et terminologie dans la presse scientifique française (1699-1740). La construction des lexiques de la botanique et de la chimie*, Oxford, Peter Lang.

5-7, rue de l'École-Polytechnique – 75005 Paris
www.editions-harmattan.fr
ISBN : 978-2-343-19801-9
EAN : 9782343198019

« L’amour est le plus abondant et le plus fertile
de tous les sentiments ».

Bernard le Bovier de Fontenelle, *Réflexions sur la poétique*

Sommaire

Introduction

Les *Éloges* des académiciens décédés, rédigés par Fontenelle entre 1699 et 1739, à savoir la durée de son mandat en tant que secrétaire perpétuel de l'Académie royale des sciences, forment comme une histoire naturelle des intellectuels du temps, des professionnels appointés, dotés d'un statut officiel et intégrés dans un corps institutionnel constituant désormais une collectivité en devenir permanent, à l'image d'un savoir en constant progrès.

Suite à sa nomination en tant que secrétaire perpétuel, Fontenelle est chargé par le nouveau règlement royal de 1699 de la rédaction des *Éloges*, qui sont inclus dans les numéros annuels des *Histoire et Mémoires de l'Académie des sciences*, mais qui font rapidement l'objet d'une édition séparée à partir de 1708. Cette tâche institutionnelle permet à Fontenelle de se faire historien et historiographe de l'Académie royale des sciences et générer une révolution intellectuelle dont le but est à la fois d'intéresser les contemporains aux sciences et les former à l'esprit scientifique. La rédaction de l'histoire de l'institution et des vies des académiciens, illustres ou obscures, dont l'itinéraire personnel, scientifique et institutionnel est présenté comme étant exemplaire des vertus morales de l'homme, fait, en effet, de Fontenelle une figure centrale de la fin du XVIIe siècle et du début du siècle suivant, capable de fonder le concept d'histoire des sciences et de rénover les pratiques de l'écriture de la science.

Or, d'un point de vue linguistico-textuel et historique, le corpus constitué des soixante-neuf *Éloges* des académiciens décédés rédigés par Fontenelle, fournit plusieurs pistes de réflexion intéressantes notamment sur la mise en discours de la philosophie fontenellienne, dont l'ensemble des *Éloges* propose une vision complète, sur le renouvellement du genre littéraire de l'éloge et de ses modalités d'écriture, ainsi que sur le rôle intellectuel des sciences au début du Siècle des Lumières, sur leur utilité sociale et sur la légitimité des institutions étatiques de recherche. La courtoisie du ton adopté par Fontenelle ne dissimule pas la précision de la description des savants proposée par l'écrivain, qui devient presque un entomologiste, exact et nuancé, de l'esprit humain.

Ce volume, après avoir synthétisé les points fondamentaux des nouvelles pratiques scientifiques des XVIe, XVIIe et XVIIIe siècles, analyse l'écriture des *Éloges* en tant qu'activité institutionnelle de mise en discours de la science, réalisée par Fontenelle dans le cadre de son rôle de secrétaire perpétuel à l'Académie royale des sciences. L'intérêt du corpus des éloges historiques rédigés par Fontenelle réside dans la possibilité de voir mobilisée une pratique d'écriture courante de l'histoire littéraire, qui pour la première fois est mise au service des disciplines scientifiques selon des modalités et des formes renouvelées.

En particulier, le présent ouvrage vise à analyser les stratégies discursives adoptées par Fontenelle pour aborder les points fondamentaux de sa philosophie, qui sera d'inspiration pour les réflexions philosophiques et scientifiques du Siècle des Lumières, à savoir l'utilité sociale et intellectuelle de la pratique scientifique, la recherche de la vérité à travers l'adoption de la nouvelle méthode expérimentale, la création d'une conscience historique et la mise en valeur de la grandeur des savants en tant que membres d'une communauté qui fonctionne comme un seul homme.

Chapitre I – Pratiques scientifiques et diffusion des savoirs à l'époque moderne

Le recours à la méthode mathématique et à l'approche expérimentale représente le changement majeur qui se réalise au sein des pratiques scientifiques pendant les XVIe, XVIIe et XVIIIe siècles. Dans cette longue période, les anciennes théories scientifiques sont progressivement démantelées et de nouveaux systèmes qui régissent l'univers astronomique, la sphère du vivant et les différents règnes naturels s'imposent.

La pratique scientifique, qui devient lentement une profession, est favorisée grâce à la création d'espaces de rencontre officiels et institutionnalisés. Bien que les lieux de la formation de l'époque (principalement les universités et les collèges des jésuites) sont souvent hostiles aux nouvelles méthodes scientifiques, les Académies royales soutiennent l'institutionnalisation de la recherche scientifique, qui vise à faire avancer les connaissances dans les différents domaines des sciences afin de satisfaire des besoins sociaux. La diffusion des résultats des recherches menées par les savants de l'époque jouit de la naissance de la presse périodique scientifique, ainsi que de la parution des premiers travaux systématiques de vulgarisation, parmi lesquels les ouvrages de Fontenelle jouent un rôle déterminant.

I.1. Expérimenter pour comprendre le monde : le progrès des sciences aux XVIe, XVIIe et XVIIIe siècles

Selon les historiens des sciences, la période qui va de la Renaissance jusqu'au Siècle des Lumières est le moment historique où s'établit un nouvel idéal de science qui se détache des pratiques anciennes et impose de nouvelles méthodes de travail scientifique, à savoir les méthodes mathématique et expérimentale[1]. Le point de départ de la « science moderne » est la science antique, en grande partie perdue pendant la longue obscurité scientifique du Moyen Âge, et annotée, éditée et désormais assimilée au milieu du XVIe siècle. Cette assimilation critique de l'Antiquité donne naissance à une culture renouvelée qui conserve l'importance du passé[2]. Le but est de produire de nouveaux principes et de nouvelles théories scientifiques qui peuvent satisfaire aussi bien l'évolution de la connaissance humaine que les besoins sociaux.

Au cours des XVIIe et XVIIIe siècles le mot « expérience » se charge donc de plusieurs nouveaux signifiés qui témoignent de l'évolution de la pratique scientifique de l'expérience même[3]. Si dans la première édition du *Dictionnaire de l'Académie française* de 1694 le mot « expérience » renvoie à une « épreuve qu'on fait de quelque chose » et à la « connaissance des choses acquises par un long usage[4] », l'édition du *Dictionnaire universel* de Furetière de 1727, revue et augmentée par Basnage de Beauval et Brutel de La Rivière, indique que « pour raisonner juste sur les expériences et en tirer de l'utilité, il faut les suivre avec beaucoup d'application et répéter souvent les mêmes pour voir si elles ne varient point[5] ». Vers la moitié du XVIIIe siècle ce sont, d'une part, l'ouvrage connu sous le nom de *Dictionnaire du Trévoux* et, de l'autre, l'*Encyclopédie* qui offrent davantage d'informations

---

[1] Cf. Michel Blay, *La naissance de la science classique au XVIIe siècle*, Paris, Nathan, 1999 ; Michel Blay, Efthymios Nikolaïdis (éds.), *L'Europe des sciences : constitution d'un espace scientifique*, Paris, Seuil, 2001.

[2] Les emblèmes de la volonté de conserver les vestiges du passé sont les cabinets de curiosités qui se répandent pendant la Renaissance, où l'on trouve des statues ou simplement leurs fragments, des objets usuels, des pièces de monnaie frappées par les empereurs romains et baptisées médailles, des pierres précieuses, des fossiles ou des pétrifications, des végétaux et des fruits exotiques, des animaux naturalisés ou des parties d'animaux fabuleux. Ces cabinets sont inspirés par le désir de construire une sorte d'encyclopédie du monde naturel et de favoriser la démarche de connaissance du réel.

[3] Les entrées des dictionnaires encyclopédiques et des encyclopédies consultés sont cités à travers des renvois aux éditions numériques indiquées dans les références bibliographiques du présent ouvrage.

[4] *Dictionnaire de l'Académie française*, édition numérique de 1694, entrée « expérience ».

[5] *Dictionnaire universel* de Furetière, édition numérique de 1727, entrée « expérience ».

sur l'expansion sémantique du mot « expérience », en soulignant les nouvelles avancées de la pratique scientifique moderne. D'après le *Trévoux*[6], l'expérience est « l'observation exacte des faits et des phénomènes que nous présente la nature, et de ceux que nous créons nous-mêmes, par de nouvelles combinaisons des corps, pour découvrir la cause de ces différents effets ». De plus, cet ouvrage offre une réflexion importante sur le plan métalinguistique puisque le lexicographe souligne que « les *expériences* sont devenues si célèbres, et si communes depuis quelque temps, que le mot d'*expérience* est devenu comme un terme d'art en Physique, et en plusieurs parties des Mathématiques ». L'expérience est désormais conçue comme l'épreuve de la pratique scientifique qui sert à valider le raisonnement puisque, bien qu'un raisonnement puisse être bon, il peut se vérifier qu'il soit « contraire à l'expérience ». Quant à l'*Encyclopédie*, Diderot indique que l'existence fournit l'épreuve d'une telle chose puisque « nous nous assurons par l'*épreuve*, si la chose a la qualité que nous lui croyons ; par l'*essai*, quelles sont ses qualités ; par l'*expérience*, si elle est[7] ». Finalement, dans la longue entrée consacrée au mot « expérience » de l'*Encyclopédie*, d'Aumont analyse les rapports entre la science antique et moderne et il remarque que « les anciens [...] n'ont pas négligé la physique *expérimentale* [...] ; ils comprirent de bonne heure que l'observation et l'expérience étaient le seul moyen de connaître la Nature[8] ».

I.1.a. La méthode mathématique et l'approche expérimentale comme voie d'accès à la connaissance scientifique

L'histoire du développement scientifique doit beaucoup aux progrès des mathématiques et à leur application aux sciences physiques. L'outil mathématique joue un rôle central dans l'étude du monde physique : Galilée soutient que le livre de

---

[6] *Dictionnaire du Trévoux*, édition numérique de 1771, « entrée expérience ».
[7] *Encyclopédie*, édition numérique, entrée « épreuve, essai, expérience ».
[8] *Ibid.*, entrée « expérimental ».

l'univers est écrit en langage mathématique[9], Kepler que l'esprit ne doit qu'étudier les quantités, Descartes que la matière ne se réduit qu'à ses qualités mathématiques, Newton que lire le livre de la nature n'est possible qu'à travers des observations mathématiques précises permettant d'éloigner les spéculations gratuites.

La méthode expérimentale, dont l'importance est plus lente à s'imposer, constitue un autre pilier fondamental pour la naissance de la science moderne[10]. Cette méthode n'est pas inconnue au Moyen Âge, mais à cette époque elle cède le pas à l'autorité[11]. C'est uniquement à partir du XVIIe siècle que s'impose l'idée de trouver et chercher dans l'expérience les épreuves des théories scientifiques. Selon les savants, il est nécessaire d'imaginer plusieurs hypothèses et d'avoir recours à l'expérience pour les départager et établir ainsi de nouveaux principes explicatifs. La voie expérimentale est clairement imposée par le philosophe et scientifique anglais Bacon, qui dans le *Novum Organum* (1620) préconise l'orientation générale de la nouvelle méthode dont le but est de construire un savoir rigoureusement établi. L'expérience est conçue comme le constat sensoriel à travers lequel on peut valider ou invalider une

---

[9] Cf., à propos du rôle joué par Galilée dans le développement de l'écriture de la science, Pietro Greco, *L'idea pericolosa di Galileo. Storia della comunicazione della scienza nel Seicento*, Torino, UTET Università, 2009.

[10] Cf., en ce qui concerne l'exploitation de la pratique scientifique et sa mise en discours du XVIIe siècle au début du XIXe siècle, Christian Licoppe, *La formation de la pratique scientifique. Le discours de l'expérience en France et en Angleterre (1630-1820)*, Paris, La Découverte, 1996. Quant au discours de l'expérience en France, cf. Hélène Bah-Ostrowiecki, « L'expérience et son récit. Remarques sur la présentation de l'expérience chez Pascal », in Anne-Lise Rey (éd.), *Méthode et histoire. Quelle histoire font les historiens des sciences et des techniques ?*, Paris, Classiques Garnier, 2013, pp. 39-95 ; Id., « Mise en texte, mise en ordre et mise en corps chez Pascal », in Kazuhiro Matsuzawa, Gisèle Séginger (éds.), *La mise en texte des savoirs*, Strasbourg, Presses Universitaires de Strasbourg, 2010, pp. 153-163.

[11] Selon Simone Mazauric (*Histoire des sciences à l'époque moderne*, Paris, Armand Colin, 2009, p. 171), le mot « expérience » possède au XVIIe siècle une signification imprécise puisqu'il peut indiquer aussi bien l'autorité que le simple « on dit », aussi bien le simple constat sensoriel que l'observation méthodique et la production de phénomènes à l'aide d'un dispositif artificiel spécialement conçu à cet effet.

hypothèse préalable jusqu'à imposer des propositions de portée générale. Cette démarche devient progressivement indispensable pour réussir dans les nouvelles finalités de l'approche scientifique, qui se veut le moteur pour exploiter la nature à travers la technique dans le sens d'une satisfaction meilleure des exigences humaines[12].

La création et le perfectionnement des instruments scientifiques favorisent cette nouvelle orientation méthodologique : au XVIIe siècle les techniques du verre et du métal sont perfectionnées ; le matériel de laboratoire devient plus satisfaisant du point de vue de l'emploi ; le télescope, le baromètre, le microscope et le thermomètre se transforment en outils indispensables pour réaliser les expériences scientifiques, le microscope et le télescope, dont le maniement est très facile, devenant aussi important dans la diffusion des sciences en dehors des spécialistes.

La méthode mathématique et l'approche expérimentale permettent donc un développement considérable des sciences au cours des XVIe, XVIIe et XVIIIe siècles, cette révolution atteignant tous les domaines scientifiques, d'abord celui de la physique et de l'astronomie, ensuite celui des sciences naturelles et de la vie. L'activité scientifique née de la Renaissance vise notamment à distinguer le scientifique du non-scientifique afin de partager nettement les véritables sciences, recourant à un langage mathématique et à une nouvelle conception de la rationalité, et les pseudo-sciences[13], ce qui, par exemple, permettra d'écarter l'alchimie de l'ensemble des disciplines scientifiques. Parler de science moderne conduit à réfléchir sur la valeur et sur la nature de la connaissance scientifique basée sur des conceptions philosophiques et épistémologiques nouvelles,

---

[12] Cf. Anne-Françoise Garçon, *L'Imaginaire et la pensée technique. Une approche historique, XVIe-XXe siècle*, Paris, Classiques Garnier, 2012 ; Bertrand Gille (éd.), *Histoire des techniques. Technique et civilisations. Technique et sciences*, Paris, Gallimard, 1978.

[13] Cf. Lise Andries (éd.), *Le partage des savoirs, XVIIIe-XIXe siècles*, Lyon, Presses Universitaires de Lyon, 2003 ; Gérard Simon, *Sciences et savoirs aux XVIe et XVIIe siècles*, Villeneuve d'Ascq, Presses Universitaires du Septentrion, 1996.

ainsi que sur la notion de « scientificité », à savoir l'activité théorique caractérisant la science en général.

I.1.b. Le statut des disciplines scientifiques à l'âge moderne

L'astronomie est sans aucun doute le premier champ des connaissances impliqué dans plusieurs bouleversements épistémologiques, grâce aux nouvelles théories de Copernic et de Galilée, qui ouvrent la série des découvertes qui aboutiront au nouveau système du monde astronomique. À l'ancienne vision de l'univers consistant en un système de sphères concentriques emboîtées les unes dans les autres autour de la Terre, Copernic substitue un univers héliocentrique, où les planètes gravitent autour du Soleil. Galilée, quant à lui, reprend le système copernicien, découvre les lois de la chute des corps et démontre la rotation de la Terre grâce au perfectionnement et à l'exploitation de la lunette astronomique, utilisée également pour observer la Lune. La publication des *Principes* de Newton et la théorie de la gravitation universelle consacrent cette nouvelle vision de l'univers, tout en suscitant un courant extraordinaire de curiosités auprès des scientifiques et du grand public.

Plusieurs changements épistémologiques sont au cœur aussi du champ des connaissances du corps humain. Comme pour la physique et l'astronomie, un ouvrage marque une rupture presque définitive par rapport aux théories précédentes : l'œuvre de Vésale, considéré comme le père de l'anatomie moderne, *De humani corporis fabrica libri septem* (1542), publiée la même année du *De revolutionibus* de Copernic, propose une nouvelle vision de l'anatomie humaine à travers une réappropriation critique de l'orthodoxie de Galien et une correction de plus de deux cents erreurs anatomiques. De même, les recherches menées par Harvey décrivent le système complet de la circulation du sang et les rapports du cœur et des poumons, chaque organe étant considéré comme une pièce d'un mécanisme dont il faut comprendre le fonctionnement. C'est Descartes qui dans son *Discours de la méthode* (1637) expose longuement cette nouvelle théorie sur le corps humain.

La conception moderne des éléments constitutifs de la matière fait l'objet des travaux du XVIIIe siècle, quand la théorie des quatre éléments d'Aristote (le feu, l'air, la terre et l'eau) est profondément remise en cause. Les premières expériences et découvertes s'occupent principalement des phénomènes de la combustion et d'autres phénomènes chimiques connus qui ne trouvaient pas d'explication valable dans la combinaison des quatre éléments aristotéliciens. La décomposition de la matière en éléments simples, la découverte de la composition en carbone, oxygène et hydrogène des corps organiques par Lavoisier, la possibilité d'isoler l'oxygène par Priestley sont autant de recherches qui marquent les débuts de la chimie moderne dont les premières expériences passionnent énormément l'opinion publique.

De même que pour la chimie, les sciences naturelles font l'objet de plusieurs recherches et travaux au cours des XVIe, XVIIe et XVIIIe siècles[14]. Pendant longtemps, la science de la botanique reflète un plaisir superficiel stimulé par la pratique courante et ancienne d'utiliser des herbes pour soigner les maladies humaines, ce qui toutefois néglige le sérieux travail qui consiste à donner du sens à la diversité du royaume végétal et à la réduire à un certain ordre. En effet, il a fallu beaucoup de temps pour donner aux plantes un intérêt scientifique en quelque sorte désintéressé et spéculatif dépassant les compilations des découvertes pharmaceutiques ou les énumérations des plantes et de leurs propriétés sans souci de compréhension ou de description exacte du mécanisme végétal[15].

Parmi les sciences naturelles, la minéralogie se développe en premier : les ouvrages sur les fossiles sont nombreux au XVIe siècle, quelques premières tentatives de classification des

---

[14] Cf., quant aux nomenclatures des sciences modernes, Philippe Selosse, Alessandro Minelli, Bernadette Bensaude-Vincent, « Entre Renaissance et Lumières : les nomenclatures des sciences nouvelles », in Werner Forner, Britta Thörle (éds.), *Manuel des langues de spécialité*, Berlin, De Gruyter Mouton, 2016, pp. 413-445. En ce qui concerne la naissance des terminologies de certaines sciences au cours des XVIIe et XVIIIe siècles, cf. Claudio Grimaldi, *Discours et terminologie dans la presse scientifique française (1699-1740). La construction des lexiques de la botanique et de la chimie*, Oxford, Peter Lang, 2017 ; Maria Teresa Zanola, *Arts et métiers au XVIIIe siècle. Études de terminologie diachronique*, Paris, L'Harmattan, 2014.

[15] Cf. Alain Rey, in Id. (éd.), *Dictionnaire culturel en langue française*, Paris, Le Robert, 2005, t. I, encadré « botanique », p. 1009.

minéraux s'esquissent et servent de base pour tous les ouvrages des siècles suivants. En France c'est notamment Palissy qui s'intéresse en premier aux connaissances minéralogiques, en soutenant que les coquilles fossiles trouvées sur les collines ne sont que des débris d'animaux marins. Cette idée fascinante ouvre la voie à une longue série de réflexions sur l'histoire du monde et de ses habitants, ainsi qu'à plusieurs recherches sur les êtres qui peuplent la planète. En effet, la connaissance du règne végétal et son usage ne sont pas allés de pair avec la création d'une nomenclature[16], et trouver un cadre de référence où ranger les faits innombrables accumulés par les voyageurs et les naturalistes ce sera l'œuvre du XVIIIe siècle. La première classification, quoique composite et confuse, de Joseph Pitton de Tournefort, contenue dans l'ouvrage *Éléments de botanique ou méthode pour connaître les plantes* (1694), propose une nomenclature rationnelle nommant les espèces à travers un qualificatif qui indique leur aspect. Ce besoin de normalisation du règne végétal marque également les recherches de Linné, dont les travaux, qui proposent un système étant en quelque sorte soigneusement fabriqué de manière artificielle, apportent une contribution indéniable et opportune à une époque où le nombre grandissant de plantes accessibles aux botanistes européens les submergent.

Enfin, la connaissance de l'homme contemporain, elle aussi, s'approfondit. Au sens historique, les recherches restent plutôt centrées sur l'histoire biblique et sur l'antiquité classique, mais la découverte des civilisations primitives de l'Amérique pousse considérablement les réflexions sur la relativité de l'homme occidental et de ses cultures.

Ce survol sur les recherches menées au cours des XVIe, XVIIe et XVIIIe siècles, permet de comprendre les notions scientifiques qui se sont diffusées auprès du public et marquent des changements radicaux par rapport aux données traditionnelles[17]. Le XVIIe siècle est le siècle des mathématiques, de la physique

---

[16] Cf. Claudio Grimaldi, « Les classifications botaniques et la fabrication d'un vocabulaire logique », à paraître.

[17] Cf. Pietro Greco, *La scienza e l'Europa. Dal Seicento all'Ottocento*, Roma, L'Asino d'Oro, 2016.

et de l'astronomie ; le XVIIIe celui de la chimie ; les recherches sur les sciences naturelles intéressent les XVIe et XVIIe siècles, mais c'est surtout au XVIIIe siècle qu'elles s'épanouissent davantage.

I.2. Se réunir pour délibérer sur le vrai : l'institutionnalisation de la pratique scientifique

Les XVIe, XVIIe et XVIIIe siècles sont marqués par une transformation et une évolution considérables des institutions qui, au cours de cette période, deviennent les lieux du progrès scientifique et du renouvellement des savoirs scientifiques. Les universités, les collèges des jésuites et les Académies contribuent de manière différente à imposer l'idéal de science moderne et le rôle du savant, qui renonce à son statut d'amateur, au sens profond du terme, pour devenir un professionnel intégré dans un corps institutionnel[18].

Le nouveau statut des savants est forcément lié à l'évolution du concept de science qui s'impose au cours des XVIe, XVIIe et XVIIIe siècles. Le mot « science » cesse de renvoyer à la « connaissance qu'on a de quelque chose », à la « connaissance certaine et évidente des choses par leurs causes » et à la « connaissance de toutes les choses dans lesquelles on est bien instruit[19] » et finit pour indiquer « une connaissance certaine, fondée sur des principes évidents par eux-mêmes, ou sur une démonstration[20] ». Les lexicographes de l'*Encyclopédie* soulignent, quant à eux, l'existence de plusieurs éléments qui permettent de connaître clairement quelque chose, à savoir « des principes évidents par eux-mêmes » ou des « démonstrations[21] ». Bien que les rapports entre les signifiés de « science » et « art » ne soient pas encore réglés au niveau sémantique dans les

[18] Cf. Robert Mandrou, *Des humanistes aux hommes de science. XVIe et XVIIe siècles*, Paris, Seuil, 1973 ; Gilles Bertrand, Alain Guyot, *Des « passeurs » entre science, histoire et littérature*, Grenoble, ELLUG, 2011.

[19] Les trois définitions sont tirées du *Dictionnaire de l'Académie française*, édition numérique de 1694, entrée « science ».

[20] *Dictionnaire universel* de Furetière, édition numérique de 1727, entrée « science ».

[21] *Encyclopédie*, édition numérique, entrée « science ».

dictionnaires encyclopédiques et les encyclopédies du XVIIIe siècle[22], il est bien évident que, suite aux évolutions connues par la pratique scientifique moderne, la science n'est plus une connaissance exacte acquise par la lecture ou par la méditation, mais un système de connaissances rationnelles et expérimentales sur un objet déterminé reliées entre elles.

I.2.a. Le mouvement académique en Europe du XVe siècle au XVIIe siècle

La création des Académies nationales est sans aucun doute le facteur qui donne l'élan nécessaire pour mettre en valeur la recherche scientifique et contribuer à la reconnaissance sociale des sciences en tant qu'ensemble de connaissances pouvant répondre aux besoins humains. Toutefois, certains cas intéressants d'ouverture à la rénovation des savoirs scientifiques peuvent être également remarqués au sein des universités et des collèges des jésuites. Par exemple, l'Université de Padoue, l'Université Jagellon de Cracovie et la Faculté de médecine de Montpellier s'offrent comme des contre-exemples parfaits du traditionalisme universitaire : à Padoue, on y enseigne un aristotélisme novateur, critique et rationaliste, et une médecine qui prend progressivement les distances de la tradition galénique ; à Cracovie, l'élite ecclésiastique soutient l'accueil du courant humaniste et l'ouverture aux nouveaux idéaux concernant l'homme, la nature et la société ; à Montpellier, on ne se contente plus de l'enseignement classique des théories anatomiques d'Hippocrate, de Galien et d'Avicenne. Cette ouverture au niveau de l'enseignement concerne également les collèges des jésuites qui connaissent un succès remarquable à partir de la seconde moitié du XVIe siècle. Bien que leur création réponde principalement à une finalité religieuse – à travers

[22] À ce propos, dans l'entrée « art » (*Encyclopédie*, édition numérique) Diderot souligne que « on a commencé par faire des observations sur la nature, le service, l'emploi, les qualités des êtres et de leurs symboles ; puis on a donné le nom de *science* ou d'*art* ou de *discipline* en général, au centre ou point de réunion auquel on a rapporté les observations qu'on avait faites, pour en former un système ou de règles ou d'instruments, et de règles tendant à un même but ; car voilà ce que c'est que *discipline* en général ».

l'enseignement, les jésuites défendent la religion catholique et reconquièrent des lieux où s'est installée l'hérésie protestante –, leur diffusion joue un rôle clé aussi pour ce qui est de la transmission des nouveaux idéaux de la science moderne. Les enseignants de la plupart des collèges des jésuites connaissent le mouvement des idées scientifiques et ils sont informés de toutes les nouveautés des différents domaines de la science grâce aux réseaux de correspondances qu'ils entretiennent dans toute l'Europe. Toutefois, cela ne signifie pas pour autant qu'ils enseignent les nouvelles avancées scientifiques. C'est notamment au sein des Académies nationales que les nouvelles théories scientifiques sont présentées, débattues et diffusées à travers des moyens différents de communication, tels que des publications périodiques ou des séances publiques.

Le mouvement académique moderne concernant les sciences tire ses origines des premières Académies nationales liées aux principes de l'Humanisme et à l'avancement de ses idéaux. En Italie les premières Académies naissent à la fin du XVe siècle grâce à la création de l'Académie platonicienne ou Académie florentine de Marsile Ficin, et se multiplient le long du siècle suivant. Les deux Académies ayant vocation principalement scientifique sont l'Academia secretorum naturae, fondée à Naples en 1560 par Giambattista della Porta, et l'Accademia dei Lincei, fondée à Rome en 1603 par l'initiative de Federico Cesi, qui réunit autour de lui le mathématicien Stelluti, le naturaliste Eck et le polygraphe de Fillis. D'un point de vue historique, c'est à l'Accademia dei Lincei qui revient le mérite d'avoir inauguré une nouvelle étape de l'académisme européen et d'avoir favorisé en premier le mouvement des idées scientifiques à l'époque moderne, à travers le soutien donné à Galilée, membre de l'Accademia, relativement à la publication de certains de ses travaux (*Istoria e dimostrazioni intorno alle macchie solari e loro accidenti*, en 1613, et *Il Saggiatore*, en 1623).

L'âge baroque voit la naissance de plusieurs initiatives liées à l'institutionnalisation de la pratique savante. En Italie, la dissolution de l'Accademia dei Lincei et la fondation de l'Accademia del Cimento à Florence en 1657, sous l'égide de Léopold de Médicis, donnent un élan considérable au mouvement académique italien lié aux pratiques scientifiques nouvelles. Le nom de l'Accademia (*cimento* signifie « expérience », « épreuve ») et sa devise (*provando e riprovando*, « essaie et essaie encore ») indiquent clairement l'orientation méthodologique de cette institution, dont les membres ont recours aux expériences qui seules sont capables de fonder une connaissance authentique. L'Accademia del Cimento est dissoute après dix ans, mais d'autres institutions voient le jour pendant la seconde moitié du XVIIe siècle, notamment à Londres et à Paris, grâce à la fondation de la Royal Society et de l'Académie royale des sciences[23]. Ces deux institutions se constituent comme le résultat final de plusieurs initiatives privées qui avaient été menées dans les années qui précèdent leur création.

La Royal Society, dont la première réunion du groupe fondateur date de 1660, naît de la volonté du roi Charles II d'officialiser cette société à travers une première Charte royale, octroyée en 1662, et une deuxième Charte, accordée en 1663, désignant le roi comme fondateur de la société, qui devient The Royal Society of London for Improving Natural Knowledge. Cette institution, dont plusieurs membres se réunissent soit à Londres autour du Gresham College soit à Oxford au Wadham College[24], incarne les nouvelles orientations méthodologiques de Bacon et contribue en premier à orienter définitivement les sciences de la nature dans la voie de l'expérience, en s'interdisant d'aborder des questions d'ordre politique et théologique.

Pas davantage que la Royal Society, l'Académie royale des sciences de Paris n'est venue de rien, étant donné qu'elle peut être considérée sous plusieurs points de vue comme le prolongement des Académies privées françaises du XVIIe siècle. D'ailleurs, plusieurs membres de ces Académies deviendront des membres célèbres de l'Académie royale des sciences et contribueront au partage des connaissances scientifiques et aux progrès des sciences au sein de la culture de la sociabilité savante de l'époque.

---

[23] Cf. Annie Chassagne, *La bibliothèque de l'Académie royale des sciences au XVIIIe siècle*, Paris, Comité des travaux historiques et scientifiques, 2007.
[24] Cf. Maurice Daumas, « La vie scientifique au XVIIe siècle », in *Dix-huitième siècle*, n° 30, janvier 1956, pp. 110-133.

I.2.b. Le mouvement académique parisien et la fondation de l'Académie royale des sciences

Le mouvement académique parisien se développe pour l'essentiel à l'âge baroque : à côté des salons à vocation littéraire, plusieurs compagnies d'ordre strictement privé et indépendantes des pouvoirs municipaux ou étatiques voient le jour : elles sont libres quant à leur organisation, à leur fonctionnement et à la finalité intellectuelle qu'elles envisagent[25]. Parmi les différents cénacles français privés et les assemblées savantes officieuses de cette époque, six contribuent de manière significative à développer le débat autour des nouvelles théories de la science naissante. Les premières réunions ont lieu à la « académie putéane », à savoir le cabinet des frères Dupuy, avocats au Parlement de Paris, qui en 1617 ouvrent ce lieu de rencontres scientifiques. Des érudits parisiens, provinciaux ou étrangers de passage à Paris, s'y réunissent pour consulter la bibliothèque des frères Dupuy, très riche en livres imprimés ou manuscrits. Un autre moment de rencontre est représenté par les Conférences du Bureau d'Adresse, organisées par Théophraste Renaudot, fondateur de *La Gazette*, qui ont lieu à partir de 1632. Les séances, ouvertes au public, ont le but de présenter des opinions différentes sur plusieurs thématiques scientifiques tous les lundis après-midi et de les recueillir dans une publication sous forme de cinq volumes, les *Centuries du Bureau d'Adresse*[26].

Dans les années 1630 deux autres lieux marquent la sociabilité savante parisienne : le père minime Mersenne, connu comme le secrétaire de l'Europe savante en raison de son commerce épistolaire[27] avec plusieurs scientifiques européens,

---

[25] Par exemple, l'Académie de Renaudot est animée d'une intention pédagogique et vulgarisatrice, le but principal étant de diffuser les savoirs déjà constitués sous une forme agréable et accessible. En revanche, l'Académie du père Mersenne privilégie l'effort de recherche au détriment d'une préoccupation de publicité des connaissances scientifiques.

[26] Cf. Simone Mazauric, *Savoirs et philosophie à Paris dans la première moitié du XVIIe siècle : les Conférences du Bureau d'adresse de Théophraste Renaudot (1633-1642)*, Paris, Publications de la Sorbonne, 1997.

[27] En ce qui concerne le commerce épistolaire au cours des XVIIe et XVIIIe siècles, cf. Henricus Johannes Maria Nellen, « La correspondance savante au XVIIe siècle », in *XVIIe siècle*, n° 178, janvier-mars 1993, pp. 87-98 ; Paul

fonde une Académie, connue sous le nom d'Academia parisiensis, ouverte à un petit nombre de savants, notamment des mathématiciens ; dès 1637, l'Abbé Bourdelot organise des réunions, dont les comptes-rendus paraissent en deux volumes (*Conversations de l'académie Bourdelot*), dans l'hôtel du prince de Condé pour traiter des questions de médecine et de physique, en s'ouvrant définitivement à la démarche expérimentale.

Pendant les années 1650 deux Académies deviennent des lieux célèbres de transmission des connaissances savantes et annoncent la fondation de l'Académie royale des sciences par Colbert, qui en sera en partie issue. Les réunions du maître des requêtes Habert de Montmort, organisées à son domicile, où est hébergé Gassendi, et l'Académie de Thévenot, qui se veut mécène et protecteur des savants, passent le plus souvent comme les deux dernières formes célèbres de sociabilité savante non institutionnalisée en France avant l'intervention définitive de la monarchie en 1666. C'est lors d'une séance de l'Académie de Montmort que Samuel Sorbière, ayant le rôle de secrétaire, fait un appel explicite aux pouvoirs monarchiques pour qu'ils prennent financièrement en charge une « académie physique, où tout se passe en continuelles expériences[28] », et qui puisse fournir aux sciences les instruments du progrès. Les vœux de Sorbière et d'autres personnalités scientifiques de l'époque, telles que Chapelain, Auzout et de Carcavy, rencontrent l'intention du ministre Colbert, qui voit dans la fondation des Académies nationales une possibilité concrète d'exaltation de la monarchie de Louis XIV. D'ailleurs, le roi comprend rapidement qu'il peut également tirer des bénéfices matériels importants de l'avancement des sciences à travers une institution qui lui est propre[29].

Dibon, « Les échanges épistolaires dans l'Europe savante du XVIIe siècle », in *Revue de synthèse*, n° 81-82, 1976, pp. 31-50 ; Irène Passeron, « La République des Sciences, réseaux des correspondances, des Académies et des livres scientifiques », in *Dix-huitième siècle*, n° 40, 2008, pp. 5-27.

[28] Discours prononcé le 3 avril 1664, cité dans Simone Mazauric, *Histoire des sciences à l'époque moderne*, cit., p. 182.

[29] Ce même esprit est à la base de la création d'autres Académies royales à l'âge baroque, telles que l'Académie française en 1635, l'Académie de peinture et de sculpture en 1647, l'Académie de danse en 1661, l'Académie des inscriptions

Persuadé de l'intérêt qu'une telle institution peut présenter, dès février 1666 Colbert offre la possibilité aux futurs académiciens de se réunir dans la bibliothèque du roi, rue Vivienne, et assure à la nouvelle institution les moyens financiers de son fonctionnement[30]. Dans cette première phase de l'histoire académique, aucune forme légale, aucun règlement définissant les obligations et les buts, aucune prérogative ne sont prévus : ce corps scientifique, « officieusement officiel[31] », ne dispose que d'une réglementation sommaire qui donne à Pierre de Carcavy le rôle de directeur de l'Académie, et distingue entre académiciens proprement dits, les plus nombreux, et les élèves au nombre de cinq seulement. Des associés étrangers, tels que le hollandais Huygens et l'italien Cassini, sont comptés parmi les membres de l'Académie et la construction d'un observatoire, consacré uniquement à l'astronomie et comprenant des salles de réunion et un laboratoire, est également entamée en 1667. La tâche des académiciens de cette première institution est d'examiner les mémoires scientifiques soumis au jugement de la Compagnie, ainsi que les inventions et les machines nouvelles qui prétendent obtenir le privilège royal. Les académiciens n'ont qu'une fonction essentiellement de jugement et d'expertise des inventions, leur statut n'étant transformé que partiellement[32].

À partir de la mort de Colbert en 1683 plusieurs changements commencent à avoir lieu au sein de l'Académie royale des sciences. La direction de l'institution est confiée à de Louvois, qui exige la rentabilité des recherches entreprises par les

---

et belles-lettres en 1663, l'Académie de musique en 1669 et l'Académie d'architecture en 1671.

[30] Cette institution s'inspire largement du précédent de la Royal Society et c'est le très actif Christian Huygens qui sert d'intermédiaire entre les deux groupes, qui se réclament également de Bacon.

[31] Michel Blay, Robert Halleux, *La science classique XVIe-XVIIIe siècle. Dictionnaire critique*, Paris, Flammarion, 1998, p. 8.

[32] À ce propos, Mazauric souligne que : « Certes, en s'officialisant la pratique de la science devenait un métier et le savant, renonçant à son statut d'amateur, au sens profond du terme, devenait un professionnel appointé, doté d'un statut et intégré dans un corps. Cependant, le paiement irrégulier des pensions des académiciens en raison des difficultés financières du royaume à partir de 1680 a largement entravé la professionnalisation de l'activité savante » (*Histoire des sciences à l'époque moderne*, cit., p. 185).

académiciens et ne réussit pas à résoudre les nombreux problèmes financiers et religieux de cette période liés aux guerres voulues par Louis XIV et à la révocation de l'Édit de Nantes par l'Édit de Fontainebleau. Le renouvellement de l'Académie commence en 1691, quand l'Abbé Bignon, neveu de Pontchartrain, protecteur à l'époque de toutes les Académies royales, prépare la réorganisation de l'Académie royale des sciences pour laquelle il obtient le règlement royal en 1699.

L'acte royal marque un tournant décisif dans l'histoire de cette institution puisqu'il établit une série de pratiques dont l'importance est capitale aussi bien pour l'évolution des sciences que pour celle du rôle du savant au sein de la société. À la suite de l'adoption de ce règlement, le nombre des académiciens augmente considérablement, en passant de trente environ à soixante-dix, les membres se partageant entre dix académiciens honoraires, vingt pensionnaires, vingt associés et vingt élèves attachés à un pensionnaire. Les élections sont libres, mais le roi reste le maître : il peut accepter ou refuser la nomination de l'honoraire proposé par l'assemblée, qui retient trois noms pour chaque place de pensionnaire, deux noms pour chaque place d'associé, entre lesquels le roi choisit. Bignon est confirmé comme président et classé honoraire. Du Hamel devient « pensionnaire anatomiste », et on décide que l'office de secrétaire perpétuel suffit pour Fontenelle, comme pour ses successeurs, pour être rangé, sans spécialité particulière, parmi les pensionnaires.

Le règlement normalise également les pratiques scientifiques, en fixant plusieurs obligations concernant les méthodes de travail, les publications, les jours de réunion, les dates et les temps de vacances. Cet acte royal officialise aussi la figure du secrétaire perpétuel, dont les missions sont définies de manière très rigide dans les articles XL et XLI. Il doit recueillir tout ce qui est proposé, agité, examiné et résolu dans la Compagnie, qui doit être écrit sur son registre, où il est censé insérer les traités dont il fait lecture, et à la fin de décembre de chaque année il doit donner au public un extrait de ses registres, ou une histoire raisonnée de ce qui a été fait de plus remarquable dans l'Académie.

Les caractéristiques de ce règlement royal répondent sans aucun doute à la volonté du roi de faire accepter son hégémonie en Europe à travers une institution destinée à exalter la gloire de la monarchie et à attester la prééminence de la nation française. La science doit satisfaire les besoins du royaume puisqu'elle est partie intégrante de l'appareil de l'État qui, notamment à partir de 1716, quand Philippe d'Orléans devient régent, assigne des objectifs précis aux académiciens, en leur donnant les matériels nécessaires pour mener à bien leurs recherches. Les académiciens deviennent donc des savants professionnels et patentés disposant des outils utiles pour développer les sciences et les différentes disciplines scientifiques sans aucune distinction entre elles, à travers la légitimation de l'innovation technique des instruments et procédés[33]. Pour le dire avec Mazauric,

> avec la refondation de 1699, ce n'est donc pas seulement une institution qui est renouvelée, ce sont les pratiques scientifiques sous leur forme académique qui connaissent une mutation en profondeur : elles se normalisent sur le plan épistémologique, se professionnalisent sur le plan social et s'enrôlent au service de la monarchie sur le plan politique. On constate alors l'accélération du processus de disparition du style d'existence privé et informel de la sociabilité savante académique qui avait persisté après la fondation de 1666 et coexisté durant plusieurs années encore avec son premier mode d'existence étatique et institutionnalisé. L'Académie des sciences désormais monopolise, ou presque, toutes les forces vives de la pratique scientifique[34].

I.3. Écrire pour faire connaître : la naissance des premiers ouvrages de vulgarisation scientifique

La nouvelle vision du monde imposée par les découvertes scientifiques et la fondation des institutions députées à la recherche scientifique et à la professionnalisation des savants sont parmi les aspects les plus importants des règnes de Louis

[33] Cf. Anne-Françoise Garçon, *L'Imaginaire et la pensée technique. Une approche historique, XVI*[e]*-XX*[e] *siècle*, Paris, Classiques Garnier, 2012.
[34] Simone Mazauric, *Histoire des sciences à l'époque moderne*, cit., p. 18.

XIV (1643-1715) et de Louis XV (1715-1774). Sur cette trame culturelle se développent les débuts de la vulgarisation scientifique dont les premiers ouvrages se diffusent dans les salons, où se retrouve toute l'élite intellectuelle de l'Europe, et dans les cours publics, où se côtoient les étudiants pauvres et les grands seigneurs. La vulgarisation scientifique, dont les origines sont relativement récentes, reste pendant longtemps le monopole de la France et l'on s'accorde à considérer les *Entretiens sur la pluralité des mondes* de Fontenelle, datant de 1686, comme le premier ouvrage de vulgarisation scientifique[35].

Du point de vue lexical, le mot « vulgarisation » n'apparaît qu'au cours du XIXe siècle et dans le *Dictionnaire* de Littré de 1882 il est considéré comme un néologisme. L'idée de vulgariser les sciences au cours des XVIIe et XVIIIe siècles correspond à l'intention de diffuser auprès de l'aristocratie ou de la grande bourgeoisie les nouvelles notions scientifiques de l'époque. En revanche, la vulgarisation au niveau des masses populaires est bien postérieure à la Révolution française. C'est le mot « journal » qui le long du XVIIIe siècle se charge donc d'une acception sémantique renvoyant en général à l'idée de vulgarisation, bien que dans ce signifié ce mot soit lié au produit littéraire et scientifique qui est le *Journal des savants*. Après une référence aux papiers journaux des marchands pour indiquer ce qui se fait chaque jour, le *Dictionnaire universel* de Furetière dans ses éditions de 1690 et 1727 indique que « on a fait à Paris un *Journal* des Savants et un *Journal* de Médecine : ce sont des relations de ce qui se fait de nouveau dans les sciences, ou des extraits des livres nouvellement imprimés[36] ». Toutefois, c'est le *Trévoux* qui donne davantage d'informations sur cet ouvrage périodique, en rapprochant la formule éditoriale utilisée à sa

---

[35] Cf. Alain Niderst, « La diffusion des sciences au XVIIIe siècle », in *Revue d'histoire des sciences*, n° 3-4, 1991, pp. 279-280. Sur le dialogue scientifique, cf. Fabrice Chassot, *Le Dialogue scientifique au XVIIIe siècle*, Paris, Classiques Garnier, 2011 ; Id. « Imiter les *Entretiens sur la pluralité des mondes* : la marquise entre cartésiens et newtoniens », in *Dix-huitième siècle*, n° 40, 2008, pp. 585-603 ; Id., « Littérature et socialisation des sciences dans le dialogue scientifique », in *Littératures classiques*, n° 85, 2014, pp. 189-203.

[36] *Dictionnaire universel* de Furetière, éditions numériques de 1690 et 1727, entrée « journal ».

fonction vulgarisatrice : « Les *Journaux* des Savants ont été inventés pour le soulagement de ceux qui sont ou trop occupés, ou trop paresseux pour lire les livres entiers. C'est un moyen de satisfaire sa curiosité, et de devenir savant à peu de faits. Ils gâtent par-là bien des gens ; néanmoins comme ce dessein a paru très commode, et très utile, il a été imité sous des titres différents[37] ». L'*Encyclopédie*, quant à elle, souligne la valeur sémantique du mot « journal » qui, en tant que moteur de diffusion des nouveaux écrits parus, devient un hypéronyme de tout ouvrage accomplissant cette fonction : « On donne même le nom de *Journal* à d'autres ouvrages qui s'impriment tous les mois, pour rendre compte des Livres nouveaux, et des nouvelles publiques, quoiqu'ils portent d'autres titres que celui de Journal[38] ».

Au-delà des premiers écrits systématiques de vulgarisation scientifique dus à Fontenelle, dans la première moitié du XVIIe siècle le public dispose d'un nouveau moyen d'information, à savoir la presse périodique[39]. En 1631 commence la parution hebdomadaire de *La Gazette*, en deux cahiers de huit à douze pages, créée avec l'appui de Richelieu par Théophraste Renaudot, médecin de Louis XIII et animateur des Conférences du Bureau d'Adresse. *La Gazette* contient presque exclusivement des nouvelles diplomatiques et militaires, ce qui n'est pas le but du *Mercure galant*, fondé et dirigé par Jean Donneau de Visé de 1672 à 1710, qui vise à informer les honnêtes gens de tout ce qui survient de notable à la cour et à la ville. Cette publication contient également des informations sur la vie mondaine, des sermons, des poésies galantes, ainsi que des dissertations philosophiques et scientifiques.

---

37 *Dictionnaire du Trévoux*, édition numérique de 1771, entrée « journal ».

38 *Encyclopédie*, édition numérique, entrée « journal ».

39 Cf. Jeanne Peiffer, Maria Conforti, Patrizia Delpiano (éds.), *L'Europe des journaux savants (XVIIe-XVIIIe siècles). Communication et construction des savoirs*, *Archives internationales d'histoire des sciences*, vol. 63, n° 170-171, juin 2013 ; Jeanne Peiffer, Jean-Pierre Vittu, « Les journaux savants, formes de la communication et agents de la construction des savoirs (17e-18e siècles) », in *Dix-huitième siècle*, n° 40, 2008, pp. 281-300.

I.3.a. Les origines de la presse périodique en France : le *Journal des savants* et les *Histoire et Mémoires de l'Académie des sciences*

La parution en 1665 du *Journal des savants*, le plus ancien journal destiné aux lettrés et aux scientifiques, « le père de tous les ouvrages de ce genre dont l'Europe est aujourd'hui remplie, et dans lesquels trop d'abus se sont glissés, comme dans les choses les plus utiles[40] », marque un tournant décisif pour le nouveau genre de la presse périodique. Les origines de ce projet éditorial sont fort incertaines et la seule donnée solidement documentée est l'implication comme fondateur et premier rédacteur[41] de Denis de Sallo, magistrat, conseiller au Parlement de Paris depuis 1613 et membre des cercles savants les plus renommés de l'époque. C'est de Sallo qui indique parmi les objectifs du journal celui de présenter chaque semaine sur douze pages in-quarto ce qui se passe de nouveau dans la République des Lettres et « les expériences de Physique et de Chimie, qui peuvent servir à expliquer les effets de la Nature ; les nouvelles découvertes qui se font dans les Arts et dans les Sciences, comme les machines et les inventions utiles ou curieuses que peuvent fournir les Mathématiques ; les observations du Ciel, celles des Météores, et ce que l'Anatomie

[40] Voltaire, cité in Eugène Hatin, *Histoire politique et littéraire de la presse en France : avec une introduction historique sur les origines du journal et la bibliographie générale des journaux depuis leur origine*, Paris, Poulet-Malassis et De Broise, 1859, t. II, p. 152.

[41] Le bureau des rédacteurs de 1701 compte l'Abbé Jean Gallois, l'Abbé Jean-Paul de La Roque, Louis Cousin et l'Abbé Jean-Paul Bignon. Plusieurs collaborateurs sont impliqués dans ce bureau : des docteurs de Sorbonne pour la théologie, des avocats et parlementaires pour le droit, l'Abbé Dubos et l'Abbé Trublet pour les beaux-arts et les belles-lettres, Fontenelle et Saurin pour les mathématiques, Lalande et Baill pour l'astronomie, Sainte-Croix pour l'histoire. Cf. Jean-Pierre Vittu, « La formation d'une institution scientifique : le *Journal des savants* de 1665 à 1714 [premier article : d'une entreprise privée à une semi-institution] », in *Journal des savants*, 2002/1, pp. 179-203 ; Jean Ehrard, Jacques Roger, « Deux périodiques français du 18e siècle : le *Journal des Savants* et les *Mémoires de Trévoux*. Essai d'une étude quantitative », in Geneviève Bollème, Jean Ehrard, François Furet, Daniel Roche, Jacques Roger (éds.), *Livre et société dans la France du XVIIIe siècle*, Paris-La Haye, Mouton, 1965, pp. 33-59.

pourra trouver de nouveau dans les animaux[42] ». Pour réaliser ces objectifs, la formule adoptée par de Sallo et les autres rédacteurs est d'associer les extraits, les mémoires et les nouvelles littéraires[43] afin que les érudits et les hommes de science puissent être informés des livres publiés ou à paraître, ainsi que des découvertes et des observations nouvelles. La composition du périodique est également liée à la volonté d'une diffusion des idées scientifiques, des ouvrages et des savoirs à l'échelle européenne puisque, comme on l'explicite dans l'*Avis* de la première livraison, « on tâchera de faire en sorte qu'il ne se passe rien dans l'Europe digne de la curiosité des Gens de lettres, qu'on ne puisse apprendre par ce Journal[44] ». La formule adoptée par le *Journal des savants* devient le modèle de tout un réseau de périodiques savants à l'échelle européenne qui constitue un système d'échange privilégié pour la diffusion des savoirs en matière savante, entre les lettrés et les hommes de science. Les journaux deviennent rapidement le moteur d'un système de formation, diffusion, validation ou rejet des savoirs

[42] *Avis au lecteur*, in *Journal des savants*, 1665, p. I.

[43] À ce propos, Vittu précise : « Les extraits présentent un abrégé des livres parus, plus ou moins récemment, et même parfois à paraître, en respectant leur contenu et sans développer une critique, alors que les mémoires publiés [...] offrent en général la relation d'une observation, d'une expérience ou d'un travail scientifique, qu'il s'agisse de numismatique, d'astronomie, de physique, de mathématiques, et, jusqu'à la création d'une rubrique spécialisée, ils peuvent aussi donner des nouvelles littéraires » (Jean-Pierre Vittu, « Du *Journal des savants* aux *Mémoires pour l'histoire des sciences et des beaux-arts* : l'esquisse d'un système européen des périodiques savants », in *XVII*e *siècle*, n° 228, 2005, p. 536).

[44] *Avis au lecteur*, in *Journal des savants*, 1665, p. II.

scientifiques[45], en créant un espace important de dialogue au sein des communautés savantes de tout ordre[46].

Cet espace de dialogue scientifique français s'enrichit en 1699 grâce à la parution, à la suite de la réorganisation de l'Académie royale des sciences de Paris, du périodique *Histoire et Mémoires de l'Académie royale des sciences*[47], qui se configure comme l'organe officiel de diffusion des travaux des académiciens et le deuxième journal européen de l'époque, à côté des *Philosophical Transactions*, édités par la Royal Society, qui est exclusivement consacré aux sciences[48]. Cette

---

[45] Vittu indique que : « La forme du périodique savant se caractérise par la brièveté des textes, la composition successive des livraisons et la possibilité, qu'ouvre le retour périodique, d'un amendement ou d'une révocation rapides des savoirs. Cette forme nouvelle impose un moule et des règles d'exposition aux savants et aux lettrés pour lesquels, des livraisons aux tables, en passant par les recueils et les choix, l'instrument périodique offre plusieurs phases de la recomposition des savoirs : le successif, le séquentiel, puis l'ordonné » (Jean-Pierre Vittu, « Du *Journal des savants* aux *Mémoires pour l'histoire des sciences et des beaux-arts* : l'esquisse d'un système européen des périodiques savants », cit., pp. 543-544).

[46] Cf. Jean-Pierre Vittu, « De la *Res publica literaria* à la République des Lettres, les correspondances scientifiques autour du *Journal des savants* », in Pierre-Yves Beaurepaire (éd.), *La Plume et la Toile*, Arras, Presses Universitaires d'Artois, 2002, pp. 225-254 ; Id., « La formation d'une institution scientifique : le *Journal des savants* de 1665 à 1714 [second article : l'instrument central de la République des Lettres] », in *Journal des savants*, 2002/2, pp. 349-377 ; Id., « Diffusion et réception du *Journal des savants* de 1665 à 1714 », in Hans Bots (éd.), *La Diffusion et la lecture des journaux de langue française sous l'Ancien Régime*, Amsterdam, APA-Holland University Press, 1988, pp. 167-175.

[47] La parution du premier volume annuel date de 1702 et se poursuit régulièrement le long du XVIIIe siècle, lorsque le décret de la Convention nationale supprime toutes les Académies nationales. Cf. Claudio Grimaldi, « Champs disciplinaires, genres textuels, vulgarisation des idées savantes : la presse périodique scientifique en France au début du XVIIIe siècle », in Carmen Saggiomo *et al.* (éds.), *Itinerari di culture 3*, Napoli, Loffredo, 2016, pp. 121-130.

[48] Cf. David Banks, « The beginnings of vernacular scientific discourse: genres and linguistic features in some early issues of the *Journal des Sçavans* and the *Philosophical Transactions* », in *E-rea*, n° 8/1, 2010, URL : <http://erea-revues.org/1334>, dernière consultation le 21/08/2019 ; Id., *The Development of Scientific Writing, Linguistic Features and Historical Context*, London, Equinox, 2008 ; Id., « Starting science in the vernacular. Notes on some early

nouveauté éditoriale marque une date importante dans l'histoire de l'édition scientifique puisque, pour la première fois[49], les producteurs des savoirs contrôlent directement la publication des résultats de leurs recherches, qui sont constamment mis à jour dans les différents volumes annuels, l'Académie donnant les normes et les pratiques scientifiques nouvelles à suivre dans le cadre du règlement royal octroyé en 1699. Celui-ci impose au secrétaire perpétuel plusieurs tâches : la rédaction d'une « histoire raisonnée » des activités annuelles des savants, la composition d'un registre, où sont consignés les comptes-rendus des séances de l'Académie, la publication d'une sélection des procès-verbaux en fonction de la qualité des travaux des académiciens, ainsi que l'inclusion dans les archives institutionnelles des mémoires présentés par les membres (article XL).

Quant à l'organisation générale du périodique, les *Histoire et Mémoires* se composent de deux parties reliées en un seul tome, à la longueur inégale et à la pagination distincte. La première section, désignée par le titre *Histoire*, s'achève avec les *Éloges* des académiciens disparus et elle est entièrement rédigée par le secrétaire perpétuel. Cette partie suit une division particulièrement rigide : elle est divisée en chapitres selon « une organisation rigoureuse [qui] fait passer le lecteur des sciences empiriques (la Physique) aux sciences spéculatives (les Mathématiques), en établissant une hiérarchie entre les savoirs, des matières les plus sujettes à caution à celles qui reposent davantage sur la pure raison[50] ». La partie *Histoire* contient principalement des considérations d'ordre épistémologique, en

---

issues of the *Philosophical Transactions* and the *Journal des Sçavans*, 1665-1700 », in *ASp*, n° 55, 2009, pp. 5-22.

[49] Un seul ouvrage comparable est celui datant de 1698 composé par l'Abbé du Hamel, qui publie une histoire de l'Académie royale des sciences, la *Regiae scientiarum Academiae Historia*, mais il s'agit d'une histoire de l'institution plutôt que d'un approfondissement des activités académiques et des disciplines scientifiques de l'époque.

[50] Maria-Susana Seguin, « Fontenelle et l'*Histoire de l'Académie royale des sciences* », in *XVII*e *siècle*, n° 44, 2012, p. 372.

suivant un ton narratif qui comporte la construction d'une sorte de récit dans la durée, mis en évidence par les renvois que le secrétaire perpétuel fait à des événements scientifiques évoqués dans les volumes précédents du périodique. La partie consacrée à l'*Histoire* favorise donc la construction de l'identité de l'institution à travers l'élaboration de son histoire qui est contenue dans les volumes[51]. Quant à la deuxième partie du périodique, consacrée aux *Mémoires*, elle ressemble les travaux présentés par les membres de l'Académie royale des sciences ou envoyés et approuvés par la Compagnie, cette partie n'étant donc pas strictement rédigée par le secrétaire perpétuel. Cette partie s'adresse plutôt aux savants qui, grâce à un système précis de renvois, puisent dans ces mémoires les avancements et les progrès des théories scientifiques approuvées par les membres de l'Académie.

Le *Journal des savants* et les *Histoire et Mémoires de l'Académie royale des sciences* se configurent rapidement comme des modèles fondamentaux pour la diffusion des savoirs scientifiques et pour l'histoire des genres textuels de la communication scientifique. Toutefois, à côté de ces publications, d'autres travaux systématiques de vulgarisation scientifique sont publiés[52], tels que les *Entretiens sur la pluralité des mondes* de Fontenelle, datant de 1686, adressés principalement aux dames et au public des salons, que le savant

---

[51] Cf. Simone Mazauric, *Fontenelle et l'invention de l'histoire des sciences à l'aube des Lumières*, Paris, Fayard, 2007.

[52] Quant aux travaux principaux sur le concept de vulgarisation scientifique, cf. Bernadette Bensaude-Vincent, *L'opinion publique et la science. À chacun son ignorance*, Paris, La Découverte, 2013 ; Paul Caro, *La vulgarisation scientifique est-elle possible ?*, Nancy, Presses Universitaires de Nancy, 1990 ; Yves Jeanneret, *Écrire la science*, Paris, PUF, 1994 ; Baudoin Jurdant, *Les problèmes théoriques de la vulgarisation scientifique*, Paris, Archives contemporaines, 2009 ; Daniel Jacobi, *La communication scientifique : discours, figures, modèles*, Grenoble, Presses Universitaires de Grenoble, 1999 ; Isabelle Pailliart (éd.), *La publicisation de la science. Exposer, communiquer, débattre, publier, vulgariser*, Grenoble, Presses Universitaires de Grenoble, 2005 ; Daniel Raichvarg, Jacques Jacques, *Savants et ignorants. Une histoire de la vulgarisation des sciences*, Paris, Seuil, 2003.

fréquente assidûment et dans lesquels il est fort apprécié. Fontenelle connaît la difficulté de son entreprise, mais il réussit à deviner ce qui peut convenir à son public. Il arrive à garder un juste milieu entre trop d'érudition et pas assez, ses *Entretiens* connaissant un énorme succès chez les femmes surtout, auxquelles il s'est plus particulièrement adressé.

Chapitre II – Fontenelle et la création de l'histoire des sciences : les *Éloges* des académiciens décédés

Figure charnière entre les XVIIe et XVIIIe siècles, Fontenelle est considéré comme un savant aux multiples talents qu'il exerce dans plusieurs genres textuels. Historien de l'esprit humain, moraliste et philosophe, Fontenelle prépare ses contemporains à la révolution intellectuelle du Siècle des Lumières aussi bien grâce à ses ouvrages méthodiques de vulgarisation scientifique (entre autres, *Nouveaux Dialogues des morts*, *Entretiens sur la pluralité des mondes*, *Digression sur les Anciens et les Modernes*, *Histoire des oracles*, *De l'origine des fables*) qu'à son activité institutionnelle en tant que secrétaire perpétuel de l'Académie royale des sciences à partir de 1699.

Exemples parfaits de son écriture institutionnelle, les *Éloges* des académiciens décédés, inclus dans les numéros annuels des *Histoire et Mémoires de l'Académie des sciences*, permettent à Fontenelle d'imposer une nouvelle manière de célébrer la grandeur savante, en modernisant les caractéristiques d'un genre littéraire déjà pratiqué dans le passé et au sein de l'Académie française. Histoire des sciences et biographie des savants fusionnent dans les *Éloges*, où Fontenelle présente les conceptions clés de son épistémologie à travers un style sobre et équilibré, exempt de tons polémiques, qui donne du lustre au plaisir de la raison, aux charmes des sciences et aux avantages découlant de la pratique scientifique moderne.

II.1. Fontenelle et le développement de l'esprit scientifique

Témoin privilégié des grandes révolutions de la fin du XVIIe siècle et de la naissance de la pensée des Lumières en raison, en premier lieu, de sa longévité (né en février 1657 et mort en janvier 1757)[53], Bernard le Bovier de Fontenelle est un acteur essentiel de la vie intellectuelle de cette époque. Capable de pratiquer plusieurs genres variés (poésie mondaine, livret d'opéra, réflexion historique et philosophique, vulgarisation scientifique, écrits philosophiques de portée polémique), Fontenelle est poète, librettiste d'opéra, dramaturge, auteur d'essais philosophiques et d'ouvrages scientifiques reliant l'histoire intellectuelle française de Corneille et Descartes à celle de Voltaire et Diderot. Après les échecs au théâtre, il est l'inventeur, ou le rénovateur des genres « mineurs » tels que le dialogue, la lettre et l'entretien[54] : il commence à fréquenter le monde mondain et celui des lettres à partir de ses vingt ans grâce à son oncle, Thomas Corneille, qui lui ouvre les portes du *Mercure galant*, le magazine littéraire le plus réputé de l'époque, où Fontenelle publie ses poésies, épigrammes, madrigaux et lettres galantes.

Aux alentours des années 1680, un changement considérable se produit sur la scène intellectuelle française et Fontenelle vit ce changement de manière directe[55]. La publication de *La Princesse de Clèves* (1678) annonce une nouvelle conception de l'amour, qui s'éloigne de la préciosité. Le monde philosophique est bousculé par Pierre Bayle, qui prépare son *Dictionnaire historique et critique* (1697), futur livre de chevet des Lumières. En France, d'une part, Malebranche reprend l'héritage de Descartes, mort peu d'années plus tôt, et, de l'autre, Cyrano de Bergerac et Saint-Évremond présentent une vision nouvelle de l'homme, marquée par le scepticisme et le culte de

---

[53] Cf. les travaux de Maria-Susana Seguin, « Fontenelle et la transmission des savoirs », in Isabelle Moreau (éd.), *Les Lumières en mouvement. La circulation des idées au XVIIIe siècle*, Lyon, ENS Éditions, 2009, URL : <http://books.openedition.org/enseditions/6306>, dernière consultation le 21/08/2019 ; Id., « Fontenelle et l'Histoire de l'Académie royale des sciences », cit.

[54] Cf. Gerda Haßler, « Entre Renaissance et Lumières : les genres textuels de la création et de la transmission du savoir », in Werner Forner, Britta Thörle (éds.), *op. cit.*, pp. 446-471.

[55] Cf. les données biographiques contenues dans Hélène Carrère d'Encausse, *Le siècle du « roi Fontenelle ». Séance publique annuelle*, URL : <http://www.academie-francaise.fr/le-siecle-du-roi-fontenelle-seance-publique-annuelle>, dernière consultation le 21/08/2019.

l'indépendance de l'esprit. Au cours de ces années, Fontenelle publie plusieurs ouvrages qui ont un succès considérable et qui lui permettent de connaître la gloire : les *Nouveaux Dialogues des morts* (1683), qui se caractérisent par un ton de scepticisme ironique et par l'accent mis sur la permanence de la nature humaine, et les *Entretiens sur la pluralité des mondes* (1686), qui unissent l'invention poétique et la science, en annonçant la science-fiction. Ces ouvrages donnent l'image d'un interprète des savoirs et un auteur capable de diffuser de nouvelles idées liées également à la transformation des conceptions philosophiques. D'ailleurs, les écrits de Fontenelle contribuent à imposer de manière subtile et conciliante une certaine vision de la nature et du savoir auprès des salons mondains, des milieux intellectuels, académiques et philosophiques, de l'opinion publique française et auprès d'un public de dimension européenne.

Comme d'autres philosophes, hommes de lettres et encyclopédistes de son époque, Fontenelle sait tirer les conclusions de la nouvelle vision de l'univers et joue un rôle d'intermédiaire entre la science et l'action, en permettant d'affirmer l'idée que les méthodes scientifiques peuvent s'appliquer aux problèmes humains[56]. C'est en raison de ses idées et de sa conception de la science que Fontenelle participe à la querelle des Anciens et des Modernes en apportant au camp des Modernes la caution de sa gloire. Il expose ses points de vue dans la *Digression sur les Anciens et les Modernes* (1687) : Fontentelle fait l'éloge des Modernes puisqu'à ses yeux ils ont découvert le vrai et ils ont imposé une nouvelle vision du progrès, selon laquelle l'histoire des hommes est celle d'un progrès continu, d'un perfectionnement constant de l'humanité qui ne peut pas régresser[57].

[56] Cf. Annette Laming, « Les origines de la vulgarisation scientifique », in *Impact : science et société*, n° 4, 1952, vol. III, pp. 241-264.

[57] Cf. Maria-Susana Seguin, « La référence aux Anciens dans les *Éloges* des académiciens de Fontenelle : le contre-exemple des Modernes », in Béatrice Guion, Sylvain Menant, Maria-Susana Seguin, Philippe Sellier (éds.), *Poétique de la pensée. Mélanges en l'honneur de Jean Dagen*, Paris, Honoré Champion, 2006, pp. 851-861.

II.1.a. Les activités de Fontenelle dans l'univers académique français

Sa place dans la République des Lettres étant fort stabilisée, Fontenelle devient rapidement membre de trois Académies royales : l'Académie française, à laquelle il entre à sa cinquième candidature en 1691, l'Académie royale des sciences (1697), dont il a été secrétaire perpétuel pendant quarante et un ans, et, enfin, l'Académie des inscriptions et belles-lettres (1701). Il est notamment réputé pour son activité dans l'Académie royale des sciences puisqu'il fait de son travail comme secrétaire perpétuel une occasion pour réfléchir sur la science en action et sur les savants, qui sont les acteurs d'une transformation sociale et culturelle. En outre, ses capacités de diffusion des connaissances scientifiques sont très célèbres et appréciées, sa préface pour l'*Analyse des infiniment petits* du Marquis de L'Hôpital lui permettant d'être désigné comme l'homme capable de mettre à la portée de tous la connaissance scientifique et les travaux des savants.

Nommé secrétaire perpétuel de l'Académie royale des sciences le 28 janvier 1699[58], il a pour tâche de rédiger l'histoire de l'institution et de faire l'éloge des académiciens disparus, qui constitueront une véritable histoire de la pensée scientifique européenne. Appelé à remplacer du Hamel comme secrétaire perpétuel dans le cadre de la réorganisation de l'Académie royale des sciences en 1699, Fontenelle est responsable d'une quarantaine de volumes des *Histoire et Mémoires de l'Académie des sciences*, chacun de ces numéros étant composé d'une partie historique, de quelques *Mémoires* présentés par les académiciens

[58] Le nom de Fontenelle est cité pour la première fois dans les textes officiels de l'Institution dans l'extrait suivant : « Mr l'Abbé Bignon a présenté de la part de Mgr de Pontchartrain Mr de Fontenelle pour être le Secrétaire de la Compagnie, le Sieur du Hamel ayant remonté à mon dit Seigneur que son âge et ses infirmités ne lui permettaient pas de faire les fonctions de Secrétaire avec la même application qu'auparavant » (Pierre Costabel, « Fontenelle et l'Académie des sciences à la fin du XVIIe siècle », in Alain Niderst (éd.), *Fontenelle*, Actes du Colloque tenu à Rouen du 6 au 10 octobre 1987, Paris, PUF, 1989, pp. 435-440).

et des *Éloges* des membres de l'institution décédés dans l'année, écrits par Fontenelle lui-même.

Grâce à cette activité au sein de l'Académie royale des sciences, Fontenelle est considéré comme une figure fondamentale pour observer et comprendre la genèse de certains débats scientifiques entre les savants. Les parties de l'*Histoire* et les *Éloges* articulent la spécialisation et le travail collectif, y compris la discussion collégiale entre tous les académiciens, cette rédaction des volumes annuels lui permettant de se confronter avec la science en action afin de rédiger des écrits académiques qui soient des outils de conversion du lecteur au parti de la philosophie[59]. Cette activité si riche est un prolongement naturel du travail de Fontenelle comme historien de l'esprit humain, moraliste et philosophe, mené dès ses premières publications des années 1680, et c'est pour cette raison que la dette des auteurs du XVIIIe siècle envers lui est grande. Ils lui doivent d'abord la transformation de la langue, qui s'effectue vers la fin du XVIIe siècle. Sur le plan des idées, il est l'homme de la rupture avec le XVIIe siècle, dont il rejette les traditions et l'esprit. Avec les *Entretiens sur la pluralité des mondes* (1686) et l'*Histoire des oracles* (1687), il apprend à ses lecteurs que l'autorité et le respect de la tradition n'étaient plus de mise. Toutefois, son plus grand titre de gloire est probablement la part décisive qu'il prend par rapport au développement de l'esprit scientifique. Il est un vulgarisateur, si l'on entend par là qu'il met la pensée scientifique à la portée de tous, qu'il arrache les savants de leur isolement, qu'il attire l'attention de l'honnête homme sur les découvertes continues de la science, sur sa beauté et son caractère compréhensible et attrayant. Fontenelle devient le moteur d'une véritable révolution intellectuelle qui a lieu en France grâce à laquelle ses contemporains s'intéressent aux sciences, Fontenelle leur donnant l'habitude et le goût de la clarté, de la précision, du raisonnement juste. En ouvrant un horizon intellectuel qui était jusqu'alors quelque peu limité, Fontenelle forme ses contemporains à l'esprit scientifique et il

---

[59] Cf. Maria-Susana Seguin, « Fontenelle et la réhabilitation de la *libido sciendi* dans les écrits académiques », URL : <https://hal.archives-ouvertes.fr/hal-01996781/document>, dernière consultation le 13/08/2019.

les prépare à participer à la révolution intellectuelle du XVIIIe siècle.

II.2. Fontenelle et la réalisation de l'histoire des sciences comme expression du devenir humain

Fontenelle est désormais unanimement considéré comme un des inventeurs de l'histoire des sciences[60]. En effet, plus qu'un simple vulgarisateur à une époque où cette notion n'est guère concevable, il est un véritable épistémologue avant la lettre[61], qui, pendant ses années d'activité institutionnelle à l'Académie royale des sciences, contribue à la naissance d'une nouvelle manière d'appréhender le fait scientifique[62]. De fait, ses travaux inaugurent un type de pratique épistémologique articulant histoire et philosophie, qui implique une rupture avec l'idée d'une norme éternelle de la science. Fontenelle transmet la conception d'une science complexe telle qu'elle existe et se construit progressivement, dans laquelle le progrès de chaque science est à intégrer à un mouvement général, au pluriel des sciences et des démarches scientifiques adoptées[63].

Cette vision novatrice de la science s'insère dans la perspective d'un progrès scientifique dont Fontenelle interroge le sens et les limites et qu'il raconte à ses contemporains en apportant sa touche personnelle grâce à un travail savant de composition qui traduit des prises de position historiques, philosophiques et épistémologiques. Cette conception du fait

---

[60] Cf. Karine Chemla, « Histoire des sciences et matérialité des textes », in *Enquête*, n° 1, 1995, URL : <http://enquete.revues.org/273>, dernière consultation le 21/08/2019 ; Michel Paty, « Du style en sciences et en histoire des sciences », in Anne-Lise Rey (éd.), *op. cit.*, pp. 57-87.

[61] Cf. Guilhem Armand, « De Fontenelle à Voltaire : de la notion de progrès à celle de génération », URL : <https://hal.univ-reunion.fr/hal-01217709/file/Armand-TD42.pdf>, dernière consultation le 5/08/2019.

[62] Cf. Maria-Susana Seguin, « Merveilles et prodiges dans l'histoire de l'Académie des sciences de Fontenelle (1699-1740) », in Joëlle Ducos (éd.), *Les Sciences et le livre. Formes des écrits scientifiques des débuts de l'imprimé à l'époque moderne*, Paris, Éditions Hermann, 2017, pp. 273-285.

[63] Cf. François Pépin, « Fontenelle, premier représentant d'une tradition française d'épistémologie historique », in *Dix-huitième siècle*, n° 44, 2012/1, pp. 381-398.

scientifique et du progrès est intrinsèquement liée au regard critique qu'il porte sur la philosophie et sur l'histoire, considérée comme un système complexe :

> Elle [l'histoire] ressemble assez à la manière dont on fait un système de philosophie. Le philosophe a devant lui un certain nombre d'effets de la nature et d'expériences ; il faut qu'il en devine des causes vraisemblables, et que de ce qu'il voyait, et de ce qu'il devine, il en compose un tout bien lié ; voilà le système. L'Historien a aussi un certain nombre de faits dont il imagine les motifs, et sur lesquels il bâtit le mieux qu'il peut un système d'histoire, plus incertain encore et plus sujet à caution qu'un système de philosophie[64].

Selon Fontenelle, l'histoire est considérée comme une évolution, à savoir l'évolution de la science qui se transforme au sens large au fil des générations, mais ce n'est pas l'évolution des hommes, ni des peuples, ni des civilisations. C'est dans cette vision de l'histoire comme un système que l'histoire des sciences n'est pas à concevoir comme un ensemble d'étapes dans lequel situer un savant ou une découverte. En revanche, ceux-ci correspondent à un élément d'un tout qui est en train de se constituer, comme n'importe quel corps vivant. D'ailleurs, vers la fin du XVIIe siècle se réalisent une mutation et une divergence des savoirs, liées à l'émergence de l'idéal que la mémoire n'est plus seulement celle des livres et des bibliothèques, mais aussi celle de l'observation et de l'expérience[65].

II.2.a. L'importance de la connaissance historique pour comprendre la vérité

Fontenelle attribue à l'histoire une dimension essentielle à l'intérieur de la science elle-même, dont les acteurs privilégiés, c'est-à-dire les savants, jouissent désormais d'une utilité publique qui est fort reconnue grâce aux activités qui sont menées

---

[64] Alain Niderst (éd.), *Fontenelle. Œuvres complètes*, Paris, Fayard, 1989, t. III, p. 176.
[65] Cf. Bernard Beugnot, *De l'histoire des savants à l'histoire des sciences*, in Alain Niderst (éd.), *Fontenelle*, cit., pp. 487-496.

à l'Académie royale des sciences. Celle-ci constitue, en effet, un foyer de discussion et recherche, où l'on s'efforce d'orienter le travail des uns et des autres savants, et de le coordonner. Cette institution devient rapidement le lieu où les savants se préoccupent également des applications pratiques et techniques de leurs recherches : l'astronomie, la géographie, la mécanique et la balistique sont à l'ordre du jour dans le contexte de l'expansion politique, militaire et économique dont Colbert est le promoteur. Enfin, l'Académie joue aussi le rôle d'un service d'information et de renseignement, de plus en plus nécessaire à un État moderne.

Cette attention au présent, considéré comme un état provisoire dans le devenir progressif de la connaissance, est en elle-même déjà une forme d'histoire[66]. Fontenelle est vu par ses contemporains comme l'homme de la situation qui, grâce à la médiation de l'idée de progrès qu'il partage, donne une importance centrale à la dimension temporelle, reconnue désormais comme un vecteur de valeurs. La connaissance historique s'impose, non pas pour obéir à de vaines curiosités, ainsi que l'on imaginait à tort auparavant, mais pour suivre pas à pas l'avènement de la vérité parmi les hommes.

Fontenelle introduit la possibilité d'une histoire de l'esprit humain, comme il l'affirmait déjà dans son ouvrage *De l'origine des fables* (1684), à pouvoir raconter à travers des formes textuelles ouvertes au monde des salons, mais aussi au grand public[67]. À son avis, c'est cette histoire de l'esprit humain qui console de toutes les autres, et, dès la fin du XVIIe siècle, il apparaît – et Fontenelle en est profondément convaincu – que les progrès essentiels de l'esprit humain s'identifient avec les conquêtes de la science. Fontenelle choisit donc d'être le témoin infatigable de l'histoire du savoir et de profiter de sa position institutionnelle et de l'ampleur de son œuvre pour affirmer que le souci historique apparaît et doit être considéré comme un des éléments clés de la recherche scientifique.

---

66 Cf. Georges Gusdorf, *De l'histoire des sciences à l'histoire de la pensée*, Paris, Payot, 1977.

67 Cf. Aurélia Gaillard, « Pour une politique du fabuleux : enjeu politique du 'système' de la fable et de la poétique du spectateur chez Fontenelle », in *Revue Fontenelle*, n° 6-7, 2010, pp. 363-374.

> Animaux, plantes, médicaments, descriptions géographiques, mises à jour de cartes sont autant d'occasions, pour le secrétaire de l'Académie des sciences, de raconter l'histoire de la raison, son lent développement, ses tâtonnements et le peu de vérité qui, avec une prodigieuse lenteur, se dégage de l'amas des erreurs et des folies des hommes de tous les temps et de tous les lieux. Au centre de l'Académie, il est au centre de renseignements qui viennent du monde entier[68].

Fontenelle consacre le meilleur de lui-même à l'histoire des sciences, au cours d'une vie très longue et très laborieuse. Fontenelle peut être considéré comme le premier grand nom de l'histoire des sciences, et, mieux que personne avant lui, il travaille de manière inlassable à la réalisation de cette histoire puisqu'elle est l'expression privilégiée du devenir de l'esprit humain. Raconter le progrès scientifique à travers l'histoire des sciences permet aux hommes des XVIIe et XVIIIe siècles de prendre conscience de l'indiscutable accroissement du capital de savoir dont dispose, d'année en année, la culture occidentale, et de faire comprendre que la science obéit à un rythme alternatif et discontinu qui répond au poids des déterminismes extérieurs. L'histoire doit prendre en considération ces facteurs, les raconter et rendre les hommes capables de comprendre que l'histoire du savoir scientifique n'est pas déterminée par l'accumulation des faits ou par la succession des systèmes abstraits[69] : conditions techniques qui bloquent le progrès, conditions géographiques relatives aux climats et conditions socio-politiques (intérêt des princes, réseaux et institutions académiques) sont autant d'éléments qui peuvent déterminer le succès ou l'échec d'une découverte scientifique.

En raison de sa nouvelle conception de l'histoire, du progrès scientifique et du fait scientifique, Fontenelle est plus qu'un simple vulgarisateur, idée fort réductrice par rapport aux travaux et aux activités qui le voient comme un véritable protagoniste de la communauté scientifique de son époque. Considérer Fontenelle comme un simple vulgarisateur trahit plusieurs

---

[68] Jean-Raoul Carré, *La Philosophie de Fontenelle ou le Sourire de la Raison*, Paris, Alcan, 1932, p. 191.
[69] Cf. Bernard Beugnot, *op. cit.*

données concrètes : son rôle clé pour la fondation de l'histoire des sciences ; le projet politique étant à la base de son rôle de secrétaire perpétuel de l'Académie royale des sciences, qui vise la promotion et la diffusion des travaux scientifiques comme l'un des instruments les plus puissants de la monarchie absolutiste ; le projet intellectuel qui suit Fontenelle, à savoir réhabiliter la *libido sciendi*[70] et récupérer les traditions philosophiques pour mieux les dépasser à travers la méthode du « plaisir de la raison », à une époque où il convient presque d'être « ignorant par bienséance ».

II.3. Les *Éloges* fontenelliens des académiciens décédés et l'invention d'une nouvelle tradition narrative

L'écriture des éloges imposée à Fontenelle en tant que secrétaire perpétuel de l'Académie royale des sciences prend son sens dans sa conception du progrès et de l'histoire : l'éloge n'est plus à concevoir en tant qu'un panégyrique individuel, mais il devient l'expression d'une collectivité en devenir permanent, à l'image d'un savoir en constant progrès. Dans les *Éloges*, Fontenelle met en valeur et tisse les liens entre les différents chercheurs et les différentes branches du savoir : les *Éloges* soulignent comment les découvertes scientifiques sont corrélées les unes aux autres dans une nouvelle « chaîne de connaissance[71] », le savant étant un membre d'un tout, d'une communauté qui fonctionne comme un seul homme. L'individu est vu par Fontenelle comme un facteur ou un moteur essentiel de l'évolution du savoir, et c'est cette évolution qu'il veut raconter dans les soixante-neuf éloges[72] prononcés et écrits pendant ses années d'activité à l'Académie royale des sciences[73]. Selon Fontenelle, l'histoire des sciences passe par la biographie des savants : l'intérêt des éloges académiques est de voir

[70] Cf. Maria-Susana Seguin, « Fontenelle et la réhabilitation de la *libido sciendi* dans les écrits académiques », cit.

[71] Cf. Guilhem Armand, « De Fontenelle à Voltaire : de la notion de progrès à celle de génération », cit.

[72] La liste complète des *Éloges* rédigés par Fontenelle est présentée dans la section « Annexe » du présent ouvrage.

[73] Cf. Guilhem Armand, « La construction de l'image du savant chez Fontenelle », in *Revue Fontenelle*, n° 4, 2006, pp. 79-93.

mobilisée une pratique courante de l'historiographie humaniste et de l'*historia literaria*, mise au service des disciplines scientifiques selon des modalités et des formes renouvelées.

De sa propre initiative et par le consentement de ses confrères, Fontenelle se fait l'historiographe de l'Académie royale des sciences et il va s'occuper pendant cinquante ans de l'histoire des sciences, dont il fera l'une des préoccupations dominantes de sa vie. La partie *Histoire* d'un côté, les *Éloges* de l'autre, tout en faisant partie d'un seul et même corpus, à savoir les numéros des *Histoire et Mémoires de l'Académie des sciences*, témoignent exemplairement de la dualité de l'écriture institutionnelle de Fontenelle, et ce sont notamment les soixante-neuf *Éloges* qui sont traditionnellement donnés pour le véritable lieu de l'invention de l'histoire des sciences.

II.3.a. La tradition littéraire de l'éloge

Lorsque Fontenelle est conduit, de par sa fonction, à composer les éloges des académiciens décédés, cet exercice ne constitue pas un genre entièrement nouveau puisque, considérés comme un genre littéraire, les éloges s'inscrivent dans une longue tradition qui n'est pas linéaire. Selon Thomas, auteur de l'ouvrage *Essai sur les Éloges*[74], et lui-même auteur de plusieurs éloges couronnés par l'Académie française, les éloges doivent être insérés dans une ancienne tradition qui remonte à l'Antiquité et qui fait l'objet d'une redécouverte à la Renaissance pour connaître au XVIIIe siècle un succès inégalé[75]. Exprimant des aspirations diverses et exerçant des fonctions différentes, le genre de l'éloge s'est progressivement transformé, a connu des inflexions et des infléchissements, depuis les débuts de l'âge moderne jusqu'à l'aube du Siècle des Lumières, en liaison avec les mutations des idéaux et des pratiques littéraires et savantes.

---

[74] In Antoine-Léonard Thomas, *Choix d'Éloges couronnés par l'Académie française*, Paris, Chaumerot, t. I, 1812.

[75] Cf., à ce propos, Jean-Claude Bonnet, *Naissance du Panthéon. Essai sur le culte des grands hommes*, Paris, Fayard, 1998.

D'un point de vue historique et généalogique[76], les éloges se situent au carrefour de plusieurs pratiques littéraires qui se confondent souvent dans la réalité, notamment en ce qui concerne les genres de l'éloge et du panégyrique, de l'histoire et de la biographie. L'histoire individuelle ou la biographie, rarement neutre ou parfaitement objective, est souvent dotée d'une fonction laudatrice, tandis que le panégyrique inclut plutôt des éléments biographiques et historiques. Au fil des siècles, l'histoire, enseignée dans les collèges, est principalement conçue comme l'outil clé de l'éducation humaniste et elle sert comme *magister vitae*. Elle porte notamment sur de « grands hommes », civils et militaires, et se réduit à un recueil d'exemples tirés d'historiens de l'Antiquité, destinés à l'édification et à la formation morale des élèves. L'exactitude historique n'est reléguée qu'au second plan, ce qui provoque une relative indistinction de l'histoire, du roman et de la fable.

À partir de la fin de la Renaissance, les nouvelles et puissantes aspirations intellectuelles qui se développent en France, bougent la notion de grands hommes, qui ne sont plus seulement les chefs d'État, les conquérants ou les prélats, mais aussi des hommes remarquables pour leur savoir et leur érudition. Leurs portraits proposent de nouveaux modèles à une République des Lettres dont ils incarnent les idéaux, et érigent en exemple un nouveau type social, c'est-à-dire le savant et l'érudit, réputé pour son talent et ses lumières. Celui-ci illustre les valeurs émergentes de l'intellectualité, qui, au même titre que les valeurs guerrières, politiques et religieuses, doivent faire l'objet d'une reconnaissance sociale.

Dans la seconde moitié du XVIIe siècle, s'impose également l'idée d'une nouvelle méthode de l'histoire permettant à l'éloge d'échapper à son statut épistémologique incertain en se différenciant des récits fabuleux. L'objectif des érudits est le vrai, ou, plus modestement et prudemment, ce que l'on tient pour tel. Cette histoire nouvelle présuppose le recours aux préceptes d'une méthodologie rigoureuse, basée sur la philologie classique et fondée sur la critique des sources, qui permet de viser la

---

[76] Cf. Simone Mazauric, *Fontenelle et l'invention de l'histoire des sciences à l'aube des Lumières*, cit.

scientificité. Le souci d'exactitude, de vérité et de fidélité au réel impose à l'histoire une fonction de dévoilement, au détriment d'une fonction édifiante, éducative ou divertissante : cette révision des règles méthodologiques de l'histoire et les transformations épistémologiques affectant la plupart des champs du savoir laissent émerger une nouvelle figure de savant. Au niveau sémantique, ce mot, en continuant à conserver une large extension, englobe désormais toutes les formes d'érudition, le savant étant notamment celui qui se spécialise dans l'étude des phénomènes naturels à l'aide de méthodes scientifiquement nouvelles.

Enfin, à cette époque, la fonction laudatrice connaît un autre infléchissement, l'éloge acquérant un caractère semi-institutionnel dans le *Journal des savants*, organe presque officiel de la République des Lettres. En effet, depuis sa création en 1665, le *Journal des savants* inclut dans ses numéros les éloges de ceux qui se sont rendus célèbres dans la République des Lettres, et accorde à la publication de ces éloges une certaine importance. Cette publication, annoncée en seconde position dans l'ordre des informations que le périodique se propose de communiquer, relève ainsi d'une politique de diffusion de l'information savante, qui porte sur deux parties principales : le catalogue des œuvres du savant et de quelques informations à caractère exclusivement biographique, la construction d'une biographie en règle n'étant pas la fonction principale de ce type d'éloge.

Dans le *Journal des savants*, les rédacteurs conservent le terme « éloge », mais la fonction de ce texte n'est plus de dresser un panégyrique de l'individu disparu, mais, conformément aux objectifs du périodique, de diffuser des informations à l'intention des érudits, concernant principalement les ouvrages écrits par le savant décédé et qui ont été publiés. En outre, en raison de la diversité de ses rédacteurs, le périodique ne reproduit pas un modèle unique d'éloges, qui, d'ailleurs, au total peu nombreux, revêtent des formes variables au cours du temps, la seule constante de ces éloges étant finalement la volonté de situer le défunt au sein de la République des Lettres.

II.3.b. La pratique de l'éloge dans les milieux académiques du XVIIIe siècle

Au-delà d'être inclus dans le *Journal des savants*, les éloges deviennent une pratique courante dans les institutions royales des XVIIe et XVIIIe siècles, notamment dans l'Académie française, qui consacre à cette célébration publique et solennelle des grands hommes une place de choix à l'intérieur de ses activités. L'Académie française invente son propre cérémonial servant à célébrer tous ses membres sans distinction et à consacrer une grandeur en accord avec les principes académiques[77] : les éloges des académiciens sont un rituel nouveau, une liturgique non pas catholique, mais laïque et royale, qui vise à surmonter la mort en proclamant l'immortalité de l'âme qui entre dans l'éternité[78]. La fête académique se célèbre au sein de l'Académie par l'élection d'un successeur, qui remplace le défunt, et par l'éloge funèbre, qui transmet son nom à la postérité. À l'Académie française, l'éloge du mort est logiquement suivi de celui du récipiendaire qui prend sa place. Ainsi l'éloge académique supplante l'oraison funèbre, genre qui obéit aux contraintes de l'éloquence sacrée, forme désormais archaïque, selon le principe que tout discours sur les morts fonde les vivants[79].

C'est à partir de cette tradition que Fontenelle adopte le genre de l'éloge des académiciens disparus de l'Académie royale des sciences, lu dans une des deux séances publiques qui se tiennent chaque année – événement mondain annoncé par le *Mercure de France*, où le public se presse – et publié en annexe à l'ouvrage annuel des *Histoire et Mémoires de l'Académie des sciences*. Fontenelle retient des discours de l'Académie française ce qui en constitue leur force et leur éclat, à savoir la lecture publique et solennelle dans le prestigieux cadre académique, mais substitue

[77] Cf. Pierre Zoberman, *Les Cérémonies de la parole : l'éloquence d'apparat en France dans le dernier quart du XVIIe siècle*, Paris, Champion, 1998.

[78] Cf. Volker Schröder, « Entre l'oraison funèbre et l'éloge historique : l'hommage aux morts à l'Académie française », in *MLN*, vol. 116, n° 4, 2001, pp. 666-688.

[79] Cf. Jean-Claude Bonnet, « Les morts illustres. Oraison funèbre, éloge académique, nécrologie », in Pierre Nora (éd.), *Les lieux de mémoire. Part 2 : La Nation*, Paris, Gallimard, 1997, vol. 3, pp. 217-241.

la simple narration des faits historiques, qui est enrichie de réflexions philosophiques et de traits spirituels. À partir de 1699, l'Académie française cesse donc d'avoir le monopole de l'éloge académique, et les *Éloges* deviennent un témoignage exemplaire de l'écriture institutionnelle de Fontenelle, ainsi qu'un rituel qui institue la pertinence du regard rétrospectif sur le travail scientifique[80]. C'est, d'ailleurs, aussi d'Alembert qui demande que l'on distingue entre les éloges oratoires et les éloges historiques : les premiers, prononcés à l'Académie française, n'ont pour fonction que de louer l'académicien décédé ; les seconds, prononcés à l'Académie des inscriptions et à l'Académie royale des sciences, sont historiques puisque la vérité en est le caractère principal.

Selon Bléchet[81], c'est à l'Abbé Bignon qui revient en premier la décision de faire prononcer à l'Académie royale des sciences l'éloge des académiciens décédés, dont l'inclusion dans les différents numéros des *Histoire et Mémoires de l'Académie des sciences* est rapportée par Fontenelle même en ces termes :

> Comme l'histoire de l'Académie doit être, autant qu'il est possible, celle des académiciens, on ne manquera point, quand il en sera mort quelqu'un, de lui rendre en quelque façon les honneurs funèbres dans un article à part, où l'on ramassera les particularités les plus considérables de sa vie. Monsieur Bourdelin, mort dans l'année dont nous écrivons présentement l'histoire, sera le premier envers qui l'Académie s'acquittera de ce devoir.

D'abord composés par le secrétaire perpétuel au gré des circonstances, à savoir le décès des académiciens, et parus au fil des volumes[82], dès 1708 les *Éloges* ont fait l'objet d'une première

[80] Cf. Marc-Antoine Kaeser, « La science vécue. Les potentialités de la biographie en histoire des sciences », in *Revue d'Histoire des Sciences Humaines*, n° 8, 2003/1, pp. 139-160.

[81] Cf. Françoise Bléchet, « Fontenelle et l'Abbé Bignon », in *Corpus. Revue de philosophie*, n° 13, 1990, pp. 51-62.

[82] Quant à la chronologie de l'édition des *Éloges*, selon Delorme, celle-ci est la suivante : 1708 : *Histoire du Renouvellement de l'Académie Royale des sciences et les Éloges historiques avec un discours* ; 1717 : nouvelle édition avec dix-sept éloges de plus ; 1722 : nouvelle édition avec onze éloges de plus

édition séparée, puis de plusieurs éditions successives, Fontenelle ne composant que les éloges des académiciens morts après sa prise officielle de fonction[83].

Fontenelle, il est vrai, il n'invente pas le genre de l'éloge et de l'éloge académique, mais il transforme un éloge acritique hérité de l'Antiquité en une narration biographique, et élève les savants à un niveau qui à l'époque n'est réservé qu'aux généraux et aux hommes politiques. Les éloges deviennent un récit de l'activité savante au cours du XVIIIe siècle, une biographie collective d'une communauté de scientifiques et un échantillon d'un sous-genre littéraire digne d'une analyse esthétique détaillée[84].

Grâce à leur style et à leur popularité, les éloges de Fontenelle inaugurent une nouvelle tradition narrative qui raconte les vertus morales des sciences et de leurs producteurs au XVIIIe siècle. C'est pour cette raison que les éloges jouent un rôle pivot dans la transmission de l'importance sociale de la science au même titre que d'autres genres textuels et pratiques scientifiques, tels que les journaux, les lectures publiques, les dialogues littéraires, les expériences scientifiques publiques et les cabinets de physique et d'histoire naturelle.

---

que les précédents ; 1733 : suite des *Éloges* ; 1742 : *Œuvres*, t. V, *Éloges jusqu'en 1717* et t. VI : *Éloges de 1718 à 1739* (Cf. Suzanne Delorme, « Contribution à la bibliographie de Fontenelle », in *Revue d'histoire des sciences*, n° 10-4, 1957, pp. 300-309, et du même auteur « La vie scientifique à l'époque de Fontenelle d'après les *Éloges* des savants », in *Archeion*, n° 19, 1937, pp. 217-235 ; Id., « Des *Éloges* de Fontenelle et de la psychologie des Savants », in Gaston Dupouy *et al.* (éds.), *Mélanges Georges Jamati*, Paris, Éditions du Centre National de la Recherche Scientifique, 1956, pp. 95-100 ; Suzanne Delorme *et al.* (éds.), *Fontenelle : sa vie et son œuvre (1657-1757)*, Paris, Centre International de Synthèse, 1961).

[83] Les éloges des académiciens morts entre 1666 et 1699 n'existent donc pas et l'histoire de cette période, reconstruite *a posteriori*, n'a pas apparemment été jugée nécessaire de les inclure. Enfin, sans pouvoir véritablement toujours savoir pourquoi, Fontenelle néglige de composer l'éloge de certains académiciens morts durant son Secrétariat.

[84] Cf. Charles B. Paul, *Science and Immortality. The* Éloges *of the Paris Academy of Sciences* (1699-1741), Berkeley, University of California Press, 1980.

II.3.c. Les règles rhétoriques de l'éloge historique de Fontenelle

En tant que premier secrétaire qui pratique le genre de l'éloge, Fontenelle crée un modèle littéraire pour ses successeurs (Dortous de Mairan, Grandjean de Fouchy et le marquis de Condorcet), qui devient progressivement un genre littéraire, biographique et historique à part entière, se fondant sur le souci de l'exactitude et sur la recherche de la vérité. Dans l'Avertissement à la première édition de ses *Éloges*, Fontenelle insiste sur cette caractéristique de ses textes qu'il dénomme de fait « éloges historiques de tous les Académiciens morts depuis le renouvellement ». En désignant ainsi les éloges, Fontenelle affirme avant tout son souci de rigueur, d'objectivité, de vérité que le terme « éloge » n'évoque pas spontanément.

En lui conférant une orientation plus anthropologique qu'épistémologique, Fontenelle combine dans l'éloge sa conception de l'histoire, notamment de celle des pratiques scientifiques, et de la vérité, en prenant acte des révisions méthodologiques destinées à conférer à l'histoire une valeur de vérité. En outre, il lui importe également la question de l'utilité de l'histoire et des sciences, selon des principes de vérité : « Ce titre d'Éloges, regrettait-il, n'est pas trop juste, celui de Vies l'eût été davantage, car ce ne sont proprement que des Vies, telles qu'on les aurait écrites, rendant simplement justice. J'en puis garantir la vérité au Public ». Grâce à ce genre textuel, Fontenelle pratique une histoire multiple et polymorphe : histoire d'une institution autant qu'histoire de destinées individuelles, histoire des découvertes scientifiques ponctuellement accomplies par ces individus autant que récit d'un itinéraire doté d'une signification anthropologique, histoire sociale autant qu'histoire épistémologique.

Dans l'Avertissement de la première édition des *Éloges*, Fontenelle règle rapidement la question de la méthode suivie pour garantir l'exactitude de ses textes, décide de renoncer au ton pompeux et à l'emphase habituels au genre, et réaffirme à plusieurs reprises, au cœur même des *Éloges*, son souci d'exactitude allant jusqu'à la sévérité. Fontenelle se défend ainsi d'avoir composé des histoires trop exemplaires, ses *Éloges* n'étant pas du tout égaux entre eux dans leurs tons et dans les louages qu'ils pratiquent. En effet, à côté de portraits de savants jugés irréprochables, portraits pouvant aller jusqu'à l'hagiographie, Fontenelle écrit des éloges beaucoup plus retenus et courts, où se lit une indéniable réserve, ou encore des éloges où il n'hésite pas à évoquer les vifs débats entre les académiciens.

Dans une large mesure même, Fontenelle fabrique donc les règles de l'éloge académique selon ses besoins, et le champ dans lequel il procède à cette invention, celui des sciences exclusivement, confère à ces éloges une réelle spécificité et une véritable identité au sein de la pratique de ce genre. Les *Éloges* de Fontenelle sont ainsi à retenir pour saisir l'image exacte de la science et du savant qui est en train de se constituer à l'aube des Lumières, ainsi que l'histoire de l'institution auprès de laquelle Fontenelle exerce son activité de secrétaire perpétuel.

Tout en étant inclus dans les volumes annuels des *Histoire et Mémoires de l'Académie des sciences*, les *Éloges* participent eux aussi pleinement à la construction de l'histoire institutionnelle à laquelle Fontenelle consacre une partie importante de sa vie. Prononcés dans le cadre de l'institution, les *Éloges* contribuent à la construction de son histoire, dont un exemple clé est fourni par les références constantes aux numéros des *Histoire et Mémoires de l'Académie des sciences* dans le cœur des *Éloges* : Fontenelle signale régulièrement les *Mémoires* soumis à l'Académie par les savants dont il compose l'éloge[85]. Enfin, quand il rend hommage aux académiciens ayant joué un rôle important dans l'histoire de l'institution, Fontenelle accorde à celle-ci une place particulière[86].

Les *Éloges* deviennent donc l'occasion fondamentale pour célébrer l'Académie royale des sciences et les Académies privées, qui ont précédé ou accompagné la fondation de

---

[85] De ce point de vue, il y a une sorte d'effet cumulatif qui est très sensible dans les *Histoire et Mémoires de l'Académie des sciences*, où les renvois tissent des filiations : un mémoire de 1725 fait écho, par exemple, à des mémoires apparentés des années différentes, ou encore un *Éloge* fait écho à un mémoire déjà publié.

[86] Cf. Simone Mazauric, *Fontenelle et l'invention de l'histoire des sciences à l'aube des Lumières*, cit.

l'Académie royale des sciences, ainsi que Colbert et les rois[87], qui ont reconnu l'importance sociale et l'utilité publique de la science : l'éloge du premier secrétaire de l'Académie, du Hamel, fournit, par exemple, l'occasion de raconter à travers le témoignage de Fontenelle la création de la première Académie. D'ailleurs, les *Éloges* soulignent à plusieurs reprises l'omniprésence de la monarchie dans la vie de l'Académie : d'une part, le règlement de 1699 est souvent évoqué, et, beaucoup plus rarement, en raison de sa moindre importance, celui de 1716, mais ce sont aussi les ordres donnés à la Compagnie par le roi et la magnificence de ce dernier qui font l'objet de nombreuses mentions spéciales (cf., à cet égard, les *Éloges* de Viviani, Poli et de la Hire).

Quant à démontrer l'utilité de la recherche scientifique, les *Éloges* répondent entièrement aux objectifs assignés déjà à la *Préface sur l'utilité des mathématiques et de la physique, et sur les travaux de l'Académie des sciences*, titre de la préface du volume de 1699 des *Histoire et Mémoires de l'Académie des sciences* : faire connaître et aimer les sciences au public le plus large possible, afin de favoriser leur inclusion au sein de la culture de la société de l'Ancien Régime. C'est aussi grâce à la création d'une édition séparée des *Éloges* que Fontenelle réussit à faire exercer à ces textes une fonction de séduction que la sévérité des mémoires des académiciens, même rendus plus accessibles grâce au travail de réécriture de Fontenelle, ne sont pas en mesure d'exercer.

Les *Éloges* sont particulièrement destinés à jouer un rôle de médiation entre les sciences et un public très large, qui inclut les lecteurs auxquels les *Entretiens sur la pluralité des mondes* étaient déjà destinés, mais qui s'élargit encore davantage. Les *Éloges* s'adressent aux gens du monde, à un public de mondains à qui il est toujours à l'ordre du jour de persuader les grâces de la science, et donc de tâcher de plaire tout en l'instruisant. Fontenelle trouve rapidement un style approprié à cette fin, un

[87] Par rapport à la partie *Histoire* du volume annuel, les *Éloges* présentent une instance plus grande sur le rôle joué par Colbert dans la fondation de la première Académie des sciences, et un éloge plus soutenu du ministre, ce qui est une façon de souligner le caractère déterminant de son intervention.

style souvent jugé inimitable et propre à séduire ses auditeurs. En même temps, le contenu des éloges, rendu d'accès plus facile pour les mondains que les épines des sciences, s'adresse aussi à un public beaucoup plus large des honnêtes gens, qui ne demandent qu'à se laisser séduire et instruire.

Ainsi les *Éloges* répondent par leur forme d'abord à l'objectif d'intégration sociale des sciences, ce qui est aussi admis par d'Alembert pour qui les *Éloges* ont permis à l'Académie d'exister « dans l'opinion publique », et aux sciences, « renfermées dans une espèce de sanctuaire dont les profanes n'approchaient pas », d'accéder à une visibilité sociale inédite. De son côté, Voltaire reconnaît à Fontenelle, le mérite singulier d'avoir rendu les sciences respectables, tandis que Flourens, quelques décennies plus tard, affirme que « ce sont les *Éloges* de Fontenelle qui, pour la première fois en France, ont mis les savants en lumière et les sciences à la mode[88] ».

Pour Fontenelle il s'agit de mettre les sciences à la portée de tout le monde et de proposer à leur sujet des considérations suffisamment générales, non étroitement spécialisées, capables de faire saisir à chacun leur intérêt et leur utilité. Il s'agit donc de plaire, de séduire et de rendre ces sciences aimables et faciles : à travers des vies de savants plus ou moins exemplaires[89], les sciences sont prises par leurs aspects les plus anecdotiques, les plus concrets et les plus aisés, pouvant séduire et susciter de nouvelles vocations.

Les *Éloges*, qui visent donc un public très étendu, englobant aussi bien l'aristocratie que la noblesse de robe ou la bourgeoisie, dont beaucoup d'académiciens sont issus, entrent dans le détail des vies des savants sans omettre jamais de préciser les origines

[88] Cité par Volker Kapp, « Les qualités du scientifique et le prestige social des sciences dans les éloges académiques de Fontenelle », in Alain Niderst, *Fontenelle*, cit. p. 441.

[89] Cf. Maria-Susana Seguin, « La figure du savant dans les *Éloges des Académiciens* de Fontenelle », in Véronique Dufiez-Sanchez (éd.), *Les écrivains face au savoir*, Dijon, Éditions universitaires de Dijon, 2002, pp. 29-39 ; Jacques Noiray, « Figures du savant », in *Romantisme*, n° 100, 1998, pp. 143-158.

sociales de chaque académicien[90]. Afin de démontrer la séduction dont les sciences sont chargées, Fontenelle utilise une rhétorique à peu près immuable : la disposition pour ces disciplines ne peut être qu'un fait de nature, une disposition innée, et l'attirance ressentie, éprouvée pour les sciences dès le plus jeune âge par les académiciens comme une inclination naturelle, native, est mise en relief pour séduire le public et une société, qui, en raison de la méconnaissance dont les sciences font l'objet, ne saurait pas offrir la profession de savant en modèle et en exemple. Cette inclination se fait connaître du futur savant sous la forme d'une révélation, dont elle possède l'évidence et la capacité à bouleverser la vie de celui qui la reçoit autant que la capacité à déclencher une véritable vocation.

Fontenelle souligne et veut prouver cette séduction de la science dans ses écrits institutionnels, notamment pour répondre aux impératifs et aux objectifs qui lui ont été attribués par l'Académie royale des sciences lorsqu'il a été choisi comme secrétaire perpétuel. Tandis que la rédaction de la partie *Histoire* vise à souligner l'importance du rôle de l'institution, dans le respect de la diversité des orientations théoriques des membres qui la composent, l'écriture des *Éloges* est fondamentale pour mettre en valeur le rôle des individus, quand bien même ces individus appartiennent à une institution, ce qui est la raison même pour laquelle on rédige leur éloge. Écrire l'éloge d'un savant, c'est évidemment avant tout dresser le bilan des découvertes dues à chacun des académiciens[91], célébrer les mérites du savant et de l'institution qui les accueille.

---

[90] La plupart des académiciens qui font l'objet d'un éloge sont issus de la bourgeoisie, de robe le plus souvent : beaucoup d'académiciens ont des parents médecins, avocats, notaires (Tauvry, Tuillier, Berger, du Hamel, Gallois, Sauveur) ; on rencontre également quelques marchands (Rolle, Littre). Très peu d'académiciens sont d'origine modeste. Quelques-uns appartiennent à la petite noblesse, plus ou moins fortunée (de Montmort, des Billettes, de Malézieu) et quelques-uns à la haute noblesse (Marquis de l'Hôpital, Vauban).

[91] Cette pratique deviendra habituelle de l'histoire des sciences au Siècle des Lumières : identifier une découverte et l'attribuer à un individu particulier.

II.4. Les *Éloges* fontenelliens et l'autorité discursive d'un acte académique

En prononçant ses *Éloges* au sein d'une institution, dont le renouvellement de 1699 a reconnu la fonction sociale des sciences, Fontenelle imprime à la tradition des éloges une orientation nouvelle. Ces textes deviennent un type *sui generis*, aux fonctions diverses et à la valeur inégalée par rapport aux éloges prononcés dans d'autres institutions royales ou aux modèles littéraires du passé.

L'importance sociale des éloges historiques prononcés par Fontenelle est célébrée par plusieurs de ses contemporains : deux hommages en particulier, l'un rendu par d'Alembert, l'autre par Condorcet, mettent en lumière le rôle joué par ces éloges au sein de l'écriture de la science. D'Alembert, qui, lui aussi, dans sa fonction de secrétaire de l'Académie française compose plusieurs éloges, leur rend hommage notamment dans l'*Encyclopédie*, et Condorcet, qui succède en 1776 à Fontenelle en tant que secrétaire perpétuel de l'Académie royale des sciences, met sa propre composition des *Éloges des académiciens de l'Académie royale des sciences morts depuis 1666, jusqu'en 1699* sous leur invocation.

D'Alembert considère les *Éloges* de Fontenelle comme des modèles textuels uniques :

> Concluons de ces réflexions, écrivait-il, que le secrétaire d'une académie doit non seulement avoir une connaissance étendue des différentes matières dont l'académie s'occupe, mais posséder encore le talent d'écrire perfectionné par l'étude des Belles-Lettres, la finesse de l'esprit, la facilité de saisir les objets et de les présenter, enfin l'éloquence même. Cette place est donc celle qu'il est le plus important de bien remplir, pour l'avantage et l'honneur d'un corps littéraire. L'Académie des sciences doit certainement à M. de Fontenelle une partie de la réputation dont elle jouit : sans l'art avec lequel ce célèbre écrivain a fait valoir la plupart des ouvrages de ses confrères, ces ouvrages, quoiqu'excellents, ne seraient connus que des savants seuls, ils resteraient ignorés de ce qu'on appelle le public ; et la considération dont jouit l'Académie des sciences, serait moins générale. Aussi peut-on dire de M. de Fontenelle, qu'il a rendu

> la place dont il s'agit très dangereuse à occuper. Les difficultés en sont d'autant plus grandes, que le genre d'écrire de cet auteur célèbre est absolument à lui, et ne peut passer à un autre sans s'altérer ; c'est une liqueur qui ne doit point changer de vase ; il a eu, comme tous les grands écrivains, le style de sa pensée ; ce style original et simple ne peut représenter agréablement et au naturel un autre esprit que le sien ; en cherchant à l'imiter (j'en appelle à l'expérience), on ne lui ressemblera que par les petits défauts qu'on lui a reprochés, sans atteindre aux beautés réelles qui font oublier ces taches légères[92].

D'Alembert célèbre aussi bien le rôle joué par Fontenelle au sein de l'Académie royale des sciences, qu'il a contribué à rendre réputée et renommée relativement aux recherches scientifiques menées au cours du XVIIIe siècle, que l'écriture inimitable du scientifique pouvant servir comme modèle à ses successeurs au Secrétariat de l'institution[93]. À son tour, Condorcet déclare, à propos du recueil des *Éloges* de Fontenelle : « Ce recueil est un des livres qu'on relit le plus, et on ne le relit jamais sans y découvrir de nouveaux charmes, et sans admirer ce talent si rare d'être clair dans les choses les plus difficiles, de dire les plus communes avec finesse, et les plus fines avec cette simplicité qui les rend plus piquantes ».

De même, Canguilhem, après bien d'autres, loue les qualités de ces textes, en les désignant comme un genre d'exercice que « Fontenelle a créé indubitablement et auquel il a conféré d'emblée une certaine forme de perfection[94] » ; il signale surtout leur importance du point de vue de l'histoire des sciences

---

[92] *Encyclopédie*, édition numérique, entrée « éloges académiques ».

[93] D'ailleurs, D'Alembert recommande que « pour réussir après lui, s'il est possible, dans cette carrière épineuse, il faut nécessairement prendre un ton qui ne soit pas le sien : il faut de plus, ce qui n'est pas le moins difficile, accoutumer le public à ce ton, et lui persuader qu'on peut être digne de lui plaire en se frayant une route différente de celle par laquelle il a coutume d'être conduit ; car malheureusement le public, semblable aux critiques subalternes, juge d'abord un peu trop par imitation ; il demande des choses nouvelles, et se révolte quand on lui en présente » (*Encyclopédie*, édition numérique, entrée « éloges académiques »).

[94] Georges Canguilhem, « Fontenelle, philosophe et historien des sciences », in *Annales de l'Université de Paris*, 1957, reproduit dans *Études d'histoire de la pensée scientifique concernant les vivants et la vie*, Paris, Vrin, 1994, p. 56.

puisqu'il y voit « la première voie d'accès » vers cette discipline, une discipline à laquelle Fontenelle donne une impulsion remarquable comme autant que celle qu'il a donnée de son vivant même, ou quelques années seulement après sa mort, à plusieurs émulés. Gusdorf, à son tour, accorde aux éloges fontenelliens une fonction fondatrice : « Les *Éloges des Savants* prononcés par Fontenelle sont d'authentiques chefs-d'œuvre dans ce nouveau genre de l'oraison funèbre laïque. Ils constituent une histoire de la pensée scientifique européenne, dont la valeur demeure, aujourd'hui encore, inestimable[95] ».

II.4.a. Les fonctions pragmatiques de l'éloge fontenellien

Quant à leur structure et à leur style, les éloges funèbres ont été redéfinis par Fontenelle à partir des codes rhétoriques du discours épidictique, en gardant uniquement certains traits stylistiques des oraisons funèbres des siècles passés et en adaptant ce genre à une narration de nature scientifique[96]. Ce récit à la première personne permet de perpétuer dans le temps un savant prestigieux et le discours se veut bien évidemment à la hauteur des génies biographiés.

Tout en étant une source primaire privilégiée pour sonder la fabrique de la grandeur savante, à savoir le processus par lequel on attribue un ensemble de valeurs épistémiques et morales à un homme de science après sa mort, l'éloge funèbre de Fontenelle remplit plusieurs fonctions strictement pragmatiques. D'une part, l'éloge sert à désigner des modèles de vertu scientifique qui font

---

[95] Georges Gusdorf, *op. cit.*, p. 54.

[96] Cf. Jean-Michel Berthelot (éd.), *Figures du texte scientifique*, Paris, PUF, 2003 ; Fernand Hallyn, « Dialectique et rhétorique devant la 'nouvelle science' du XVIIe siècle », in Marc Fumaroli (éd.), *Histoire de la rhétorique dans l'Europe moderne : 1450-1950*, Paris, PUF, 1999, pp. 601-627 ; Id., « Les lieux de la rhétorique dans les sciences », in Anne-Lise Rey, *op. cit.*, pp. 27-37 ; Id., *La structure poétique du monde : Copernic, Kepler*, Paris, Seuil, 1987 ; Id., *Les structures rhétoriques de la science. De Kepler à Maxwell*, Paris, Seuil, 2004 ; Marilia Marchetti, *Retorica e linguaggio nel secolo dei lumi. Equilibrio logico e crisi dei valori*, Roma, Edizioni di Storia e Letteratura, 2002 ; Brian Vickers, Nancy S. Struever, *Rhetoric and the Pursuit of Truth. Language Change in the Seventeenth and Eighteenth Centuries*, Los Angeles, UCLA, 1985.

partie d'un corps savant d'élite ; de l'autre, ce texte veut représenter l'Académie royale des sciences et ses membres à l'extérieur, le but de la commémoration académique étant de définir et de représenter la science officielle incarnée par des savants dignes d'éloge. De ce point de vue, le secrétaire perpétuel représente une parole autorisée et l'éloge funèbre en tant qu'acte académique produit, d'après Saint-Martin, un certain mode d'autorité discursive[97].

À travers les éloges, Fontenelle, en assurant la communication de l'Académie avec la bonne société, attire l'attention de celle-ci sur l'importante et la valeur des sciences et fait valoir les recherches de l'élite scientifique hors du cercle restreint des spécialistes. Pour ce faire, il modifie la commémoration des académiciens défunts à travers l'abolition de l'usage du latin des érudits en faveur du français, langue vernaculaire et langue des courtisans[98]. Les éloges de Fontenelle deviennent donc des nécrologies sans ornements oratoires, des discours « simple[s] où l'art de l'éloquence est peu employé[99] ». L'éloge historique entre donc en concurrence avec l'oraison funèbre, en mettant en relief surtout les mérites acquis par les savants au cours de leur carrière scientifique. Ainsi, Fontenelle crée un véritable plaidoyer en faveur des sciences et de leurs adeptes.

Afin d'atteindre un public très large, Fontenelle fait appel aux *topoi* de la tradition des éloges grecs et sélectionne les informations fournies sur les conditions matérielles des hommes de science, en comprenant qu'il faut dire des morts tout le bien possible. En respectant l'ordre chronologique des événements, les éloges historiques s'avèrent donc riches en anecdotes, détails ponctuels, noms, institutions, événements et synthèses brèves sur les ouvrages scientifiques du défunt. Les éloges deviennent également l'occasion pour inculquer la bonne morale et la conformité aux règles du « commerce scientifique » aux hommes

---

[97] Cf. Arnaud Saint-Martin, « Autorité et grandeur savantes à travers les éloges funèbres de l'Académie des sciences à la Belle Époque », in *Genèses*, n° 87, 2012/2, pp. 47-68.

[98] Cf. Volker Kapp, *op. cit.*

[99] Georges-Bernard Depping, *Fontenelle. Œuvres complètes*, réimpression Genève, Slatkine, 1968 (1818), vol. 1, p. 156.

de science grâce à l'évocation des moments de bravoure et des divers résultats scientifiques obtenus. L'académicien, en tant que modèle moral, est évoqué à travers le recours à plusieurs exemples et activités faites, afin qu'on puisse dresser le portrait des idéaux scientifiques de l'époque moderne. Fontenelle comprend que, dans une société qui fait de la commémoration des morts un événement de la société, l'éloge historique peut rehausser le prestige des sciences, à condition toutefois que l'orateur se fasse le vulgarisateur des recherches et découvertes les plus prestigieuses. Pour atteindre ce but, Fontenelle trouve le ton juste, approuvé par les académiciens et apprécié du grand monde.

II.4.b. La structure et le style de l'éloge fontenellien

En ce qui concerne la structure textuelle, Fontenelle n'a pas recours à l'exorde formel de l'éloge classique, dont le but est de séduire le public afin qu'il puisse écouter le discours, et il n'a même pas recours aux *topoi* de l'humilité fausse qui y sont présents. Il préfère souligner la supériorité des Modernes sur les Anciens en matière de connaissances scientifiques et la supériorité morale des savants sur les autres individus. Cette supériorité se manifeste principalement sous deux formes : soit l'académicien, grâce à ses recherches, a mis dans l'ombre tous les travaux des Anciens soit les Modernes méritent d'être élogiés pour leurs recherches qui sont nouvelles par rapport à celles du passé.

Fontenelle continue la tradition commencée avec Aristote et reprend ce que Charles Perrault[100], l'initiateur de la querelle des Anciens et des Modernes et l'un des fondateurs de l'Académie royale des sciences, avait déjà fait en célébrant des artistes et des scientifiques tels que Pascal, Mersenne, Racine, Lully et Poussin. Toutefois, avant Fontenelle, l'éloge comporte au maximum trois pages, il est écrit en latin et il est contenu dans d'autres ouvrages biographiques.

---

[100] Cf. Sylviane Léoni, « Une redécouverte restreinte : la rhétorique française du 18e siècle », in *Dix-huitième siècle*, n° 30, 1998, pp. 179-193.

En règle générale, les éloges se composent de sept parties[101] : exorde, proposition, division, narration, confirmation, réfutation et péroraison. Aucun des éloges fontenelliens ne débute avec un exorde pour préparer le public à la lecture. En revanche, ils commencent avec une brève présentation aussi bien des titres du savant que des données personnelles relatives à sa naissance et à sa famille. La structure narrative générale de l'éloge n'est pas présentée par Fontenelle, mais il y a une division en parties, qui n'est pas rendue explicite et présentée au public. Le cœur de l'éloge est la narration des événements de la vie du scientifique, de ses recherches et de ses ouvrages les plus importants au sein des débats scientifiques de l'époque. La confirmation et la réfutation n'apparaissent pas de manière évidente, mais celles-ci peuvent porter sur l'utilité de la science, sur la valeur des résultats scientifiques décrits et sur le caractère modeste des scientifiques eux-mêmes. Seulement la dernière partie de l'éloge classique est présente dans les éloges historiques lus à l'Académie royale des sciences.

Quant à leur structure, les éloges fontenelliens suivent une division en quatre parties chronologiques : les années avant la maturité et la période de formation du savant ; l'âge de la maturité avec la présentation des recherches menées, des résultats obtenus, du parcours de formation ; les dernières années et la mort ; une péroraison qui indique les héritiers et les honneurs reçus avant et après le décès. Cette narration suit principalement un ordre chronologique et des modifications par rapport à cet ordre répondent à des éléments spécifiques tels que la longévité du scientifique, la quantité des recherches faites, la totalité des résultats obtenus et des ouvrages publiés.

La lecture des éloges de Fontenelle permet de mettre en valeur que l'auteur maîtrise toutes les qualités stylistiques de la rhétorique classique : clarté, propriété du langage (équilibre parfait de pensées et expression), précision, concision, correction grammaticale et pureté du style. Toutefois, le succès de l'activité de Fontenelle comme historien des sciences se base sur son habilité de présenter des concepts et des procédures techniques complexes à un public varié : Fontenelle façonne le vocabulaire

---

[101] Cf. Charles B. Paul, *op. cit.*

néoclassique afin de satisfaire les nécessités de clarté et simplicité de l'expression, et afin d'être fidèle aux faits techniques de l'activité scientifique puisque le but des éloges est la présentation des données historiques et biographiques de l'académicien décédé. Fontenelle crée un style qui est un compromis pour satisfaire aussi bien les scientifiques que le grand public, un style subtil, flexible, conversationnel et épigrammatique, qui ne s'appuie pas sur la grandiloquence typique des éloges classiques.

Il réussit dans cette entreprise difficile grâce à son expertise dans l'écriture, qui fait suite à trente ans d'activités dans la rédaction de satires, dialogues, versifications et d'autres genres textuels de la tradition littéraire. D'ailleurs, il a recours à une sorte d'imagerie capable de souligner l'importance de la science dans la culture occidentale et dans le développement de l'humanité, en exploitant un répertoire d'images et d'analogies, qui s'appuie sur une tradition déjà forte au XVIe siècle, pour expliquer des concepts bien complexes.

Grâce à la structure choisie, aux thématiques retenues et au style adopté, dans ses *Éloges* Fontenelle règle le problème du statut de l'intellectuel dans la société française de l'époque qui est en voie de transformation. Ses éloges académiques, dans lesquels il cherche le bon côté des affaires dans le but d'une grande vision des sciences, sont les premiers témoignages de réflexions sérieuses sur une nouvelle conception du savoir et du vivre dans cette société. Bien que les éloges de Fontenelle s'éloignent de certaines caractéristiques qui étaient propres au genre, ils gardent ses traits fondamentaux, tout d'abord, le fait que de manière manifeste ils veulent attribuer l'immortalité à des hommes, qui incarnent la vertu et la sagesse, dont on commémore la mortalité.

Chapitre III – Les *Éloges* de Fontenelle ou la réalisation du discours sur la science

Les *Éloges* des académiciens décédés, rédigés par Fontenelle entre 1699 et 1739, s'avèrent un réservoir important d'informations concernant l'activité scientifique menée en France dans ces quarante années ainsi que la vie de l'institution académique à laquelle le secrétaire perpétuel et plusieurs savants de l'époque appartiennent. Du point de vue de l'histoire des sciences, ces textes rentrent à part entière parmi les écrits fondateurs de cette discipline, où Fontenelle exprime plusieurs points fondamentaux de son épistémologie de la science (l'utilité sociale de la science, les nouvelles approches scientifiques, la création d'une conscience historique de la science, les vertus morales des membres de la communauté scientifique).

En tant que premiers travaux systématiques de vulgarisation scientifique et d'histoire des sciences, les *Éloges* des académiciens décédés permettent de saisir une nouvelle manière de raconter le fait scientifique, la grandeur savante et la professionnalisation de la pratique de la science dans le souci de rendre aimables les disciplines scientifiques et les professionnels qui travaillent pour le bien public. Dans une perspective linguistique, les éloges historiques de Fontenelle représentent une source privilégiée pour étudier la réalisation du discours sur la science à une époque où l'idée de vulgarisation et d'histoire des connaissances scientifiques n'était pas encore implantée.

III.1. « Il n'y a point de grands travaux sans de grands motifs », ou l'utilité de la recherche scientifique

La rédaction des *Éloges*[102] des académiciens décédés permet à Fontenelle d'aborder plusieurs sujets importants concernant aussi bien les sciences et leur configuration au cours du XVIIIe siècle que la condition de travail du savant, son rôle dans la société de l'époque et le support fourni par les pouvoirs monarchiques à l'évolution des connaissances scientifiques. Fontenelle vise plusieurs objectifs pragmatiques à travers l'écriture des éloges des membres de l'Académie royale des sciences, cette pratique devant prendre en considération de nombreuses questions d'ordre épistémologique et philosophique ayant la vérité comme ultime finalité de la recherche scientifique. Outre une fonction laudatrice liée à un panégyrique individuel, les éloges fontenelliens se chargent donc de plusieurs missions philosophiques relatives à la conception des sciences, de l'histoire et de la mémoire scientifique au sens moderne du terme. Pour rejoindre ces objectifs, Fontenelle fonde une nouvelle manière de raconter les sciences, une narration biographique et historique visant à séduire le public et à présenter les pratiques scientifiques modernes et la profession du savant de manière attrayante[103].

En tant que parole autorisée en raison de son rôle de secrétaire perpétuel d'une Académie royale, Fontenelle exerce son pouvoir de chroniqueur et historiographe sans délai. En renouvelant le genre de l'éloge funèbre et en le transformant en éloge historique, Fontenelle n'en fait plus une biographie amplifiée et égayée de figures importantes de l'histoire de l'esprit humain : le culte que l'Académie royale des sciences doit rendre aux morts lui permet

---

[102] Les *Éloges* peuvent être consultés sur le site de l'Académie royale des sciences dans la section consacrée à Fontenelle, URL : <https://www.academie-sciences.fr/pdf/dossiers/Fontenelle/Font_eloge.htm>.

[103] Dans ses *Éloges*, Fontenelle évoque souvent les charmes des nouvelles sciences : dans l'*Éloge* de Hartsoeker, il souligne la beauté sublime de la géométrie, qui n'est pas un pur instrument, les savants ayant raison « de craindre les charmes de la Géométrie nouvelle », et dans l'*Éloge* de Cassini, il affirme qu'au travers du frivole de l'astrologie, le savant a vécu « les charmes solides de l'Astronomie, et en [a] été vivement touché ».

de prendre position sur tous les problèmes de la recherche scientifique, sur les débats en cours à son époque, ainsi que sur la contribution donnée au développement des pratiques scientifiques par les pouvoirs monarchiques.

La figure de Colbert est, par exemple, évoquée à plusieurs reprises dans les *Éloges* et elle est louée en raison de sa capacité d'avoir su comprendre l'importance des sciences pour la croissance d'une nation. L'*Éloge* de l'Abbé Gallois, cofondateur du *Journal des savants* et secrétaire perpétuel de l'Académie des inscriptions, est l'occasion pour célébrer le rôle de Colbert, auquel Fontenelle consacre un long panégyrique :

> Il [Colbert] savait que les Sciences et les Arts suffiraient seuls pour rendre un Règne glorieux, qu'ils étendent la Langue d'une Nation peut-être que des Conquêtes ; qu'ils lui donnent l'empire de l'Esprit et de l'Industrie, également flatteur et utile ; qu'ils attirent chez elle une multitude d'Étrangers, qui l'enrichissent par leur curiosité, prennent ses inclinations, et s'attachent à ses intérêts. […] On doit à M. Colbert l'éclat où furent les Lettres, la naissance de cette Académie de Peinture, de Sculpture et d'Architecture, les nouvelles faveurs que l'Académie française reçut du Roi, l'impression d'un grand nombre d'excellents Livres (*Éloge* de l'Abbé Gallois).

Fontenelle célèbre la clairvoyance du ministre qui a compris que l'importance stratégique d'une nation est étroitement liée au soutien donné à la recherche scientifique et à la reconnaissance sociale que celle-ci doit acquérir au sein d'une culture. L'appartenance à une nation et à une patrie se base sur le fait de reconnaître aux sciences une place centrale dans la société, puisque, selon Fontenelle, « la Patrie d'un Savant ne serait pas sa véritable Patrie, si les Sciences n'y étaient florissantes » (*Éloge* de de Tournefort). Le secrétaire perpétuel évoque ce genre de considérations puisqu'il est parfaitement conscient que la fondation de l'Académie royale des sciences répond à une stratégie monarchique vouée à développer le rôle de la France au niveau européen et, par conséquent, à imposer la monarchie française sur les autres puissances de l'Europe du XVIIIe siècle, qui à l'époque étaient particulièrement engagées dans la recherche scientifique.

Dès qu'il lui est possible, Fontenelle rend hommage à cette stratégie gagnante mise en œuvre par les pouvoirs monarchiques français qui ont saisi que l'utilité du « commerce » des faits scientifiques est autant importante que les avantages découlant des guerres et d'autres genres d'entreprises. Il faut, pour Fontenelle, qu'une nation prend le dessus sur les autres grâce aux travaux de sa communauté de savants, qui doivent collaborer entre eux pour favoriser la gloire de leur patrie.

> Le Roi, en agréant son mariage, eut la bonté de lui dire qu'il était bien aise de le voir devenu Français pour toujours. C'est ainsi que la France faisait des conquêtes jusque dans l'empire des Lettres (*Éloge* de Cassini).

> Une Nation, qui aurait pris sur les autres une certaine supériorité dans les Sciences, s'apercevrait bientôt que cette gloire ne serait pas stérile, et qu'il lui en reviendrait des avantages aussi réels, que d'une marchandise nécessaire et précieuse, dont elle ferait seule le commerce (*Éloge* de du Verney).

Cette stratégie de développement de la recherche dans les différentes branches des sciences, qui permet à la France de faire de nombreuses conquêtes dans l'empire des Lettres, doit s'opposer à une certaine division qui a été présente pendant longtemps au sein de la communauté scientifique. En tant qu'historiographe institutionnel, Fontenelle se fait le porte-parole de cette union nécessaire dans le partage des connaissances et des pratiques à suivre dans le commerce scientifique. De manière critique, le secrétaire perpétuel mentionne souvent les difficultés qui peuvent se rencontrer dans l'avancement des savoirs scientifiques, ce qui lui donne l'occasion de préconiser une attitude positive qui devrait être mise en œuvre pour améliorer la recherche scientifique.

> M. Chirac avait conçu depuis longtemps une idée, qui eût pu contribuer à l'avancement de la Médecine. Chaque Médecin particulier a son savoir qui n'est que pour lui, il s'est fait par les Observations et par les Réflexions certains principes, qui n'éclairent que lui ; un autre, et c'est ce qui n'arrive que trop, s'en sera fait de tout différents, qui le jetteront dans une conduite

> opposée. Non seulement les Médecins particuliers, mais les Facultés de Médecine semblent se faire un honneur et un plaisir de ne s'accorder pas. De plus les Observations d'un Pays sont ordinairement perdues pour un autre. On ne profite point à Paris de ce qui a été remarqué à Montpellier. Chacun est comme renfermé chez soi, et ne songe point à former de société. L'Histoire d'une Maladie qui aura régné dans un lieu, ne sortira point de ce lieu-là, ou plutôt on ne l'y fera pas (*Éloge* de Chirac).

Premier médecin de Louis XV et professeur à la Faculté de médecine de Montpellier, Pierre Chirac est l'emblème d'un savant éclairé dont le plan ambitieux d'établir à Paris une Académie de médecine correspondant avec les praticiens de tous les hôpitaux du royaume et de l'étranger pour recueillir des expériences scientifiques, enregistrer des observations et faire avancer la médecine, échoue en raison des courants de pensée scientifique différents de l'époque. Fontenelle appuie le projet de Chirac et il le loue presque sans réserve : il salue l'avènement d'une nouvelle médecine qui n'exclut pas l'empirisme ni l'intuition, mais suppose pour s'épanouir de nouvelles connaissances et en particulier l'étude comparée, ce à quoi servent l'Académie et ses correspondants.

Fontenelle connaît très bien le développement que les sciences ont vécu au fil des siècles et célèbre cette évolution qui a également des conséquences concrètes sur la formation et l'éducation. Alors qu'auparavant il était difficile de trouver des savants suffisamment préparés pour éduquer les jeunes, au moment de la rédaction des *Éloges* il est plus simple de pouvoir compter sur une formation de niveau élevé dans sa propre patrie.

> Il n'est pas étonnant que dans les Siècles où les Établissements publics, destinés aux faibles Sciences d'alors, étaient fort rares, on se soit rendu de tous les Pays de l'Europe auprès d'un Docteur devenu célèbre, que quelquefois même on l'ait suivi jusque dans des Solitudes, lorsqu'il était chassé des Villes par la jalousie, et la rage de ses Rivaux. Mais aujourd'hui que tout est plein de Collèges, d'Universités, d'Académies, de Maîtres particuliers, de Livres qui sont des Maîtres encore plus sûrs, quel besoin a-t-on de sortir de sa Patrie pour étudier en quelque genre que ce soit ? Trouvera-t-on ailleurs un Maître si supérieur à ceux

que l'on avait chez soi ? Sera-t-on suffisamment récompensé du voyage ? Il n'est guère possible d'imaginer sur ce point d'autre cause que les talents rares et singuliers d'un Professeur (*Éloge* de Boërhaave).

Fontenelle est convaincu qu'aucune division ne doit exister dans le domaine de la connaissance et qu'aucun facteur ne doit interdire aux sciences de progresser et de favoriser leur application aux besoins humains et sociaux[104]. Dans les *Éloges* ce dernier aspect est sans aucun doute un des plus cités par Fontenelle puisqu'il est célébré comme étant probablement le facteur principal pour favoriser l'intégration sociale des sciences.

L'utilité et l'usage des sciences pour des finalités sociales sont, en effet, parmi les sujets les plus abordés par le secrétaire perpétuel : ses *Éloges* visent à souligner les apports des sciences aux besoins humains à travers plusieurs exemples que l'auteur cite de manière opportune et convaincante au fur et à mesure qu'il peint le portrait des savants qui ont contribué à l'avancement des connaissances dans les différentes disciplines scientifiques. L'utilité des sciences pour la société est conçue souvent par Fontenelle comme une sorte de sacrifice des savants par rapport à une spéculation simple de la réalité, qui n'apporte aucun bénéfice à la société, mais uniquement de la gloire.

Ces sortes d'opérations ne demandent pas une fine Théorie, mais une grande adresse et une grande sûreté à opérer, quantité d'attentions délicates, et de précautions ingénieuses, et enfin leur grande utilité récompense le peu de brillant géométrique. Le Public n'est jamais plus obligé aux grands Géomètres que quand

[104] Fontenelle cite plusieurs exemples des divisions existant dans la pratique scientifique : « Ces Écoles sont des espèces de petits États assez difficiles à gouverner. Tous les Sujets qui les composent sont dans la force de leur jeunesse, impétueux, indociles, amoureux de l'indépendance avec fureur, ennemis presque irréconciliables de toute application ; et ce qui est encore pis, ils sont tous gens de Guerre, et leur Maître n'a sur eux aucune autorité militaire » (*Éloge* de de Chazelles) ; « Les Médecins ont entre eux ce qu'ils appellent les bons principes, et puisqu'ils sont les bons, ils ne sont pas ceux de tout le monde » (*Éloge* de Geoffroy) ; « M. Geoffroy fut élu, mais comme tous les membres d'une République ne sont pas également Républicains, quelques-uns attaquèrent son élection par des irrégularités prétendues » (*Éloge* de Geoffroy).

ils descendent à ces pratiques en sa faveur ; ils lui sacrifient le plaisir et la gloire des hautes spéculations (*Éloge* de de la Hire).

Il est vrai que ce n'est là que recommencer continuellement les mêmes opérations, sans acquérir les lumières nouvelles ; au lieu qu'un Savant de Cabinet en acquiert tous les jours avec volupté et avec transport : mais plus ce plaisir est flatteur, plus il est beau de le sacrifier à l'utilité du Public, qui profite plus de quelques faits bien sûrs que de plusieurs spéculations brillantes (*Éloge* de de Chazelles).

De Chazelles, professeur d'hydrographie à Marseille, et de la Hire, mathématicien et théoricien de l'architecture, sacrifient une sorte de plaisir découlant de la simple réflexion scientifique pour se consacrer à des recherches et à des études fines et détaillées dont l'utilité pour le public est énorme. En comparant les activités des académiciens disparus aux pratiques du passé, Fontenelle fait de sorte que plusieurs de ces savants semblent se consacrer à des études qui sont moins importantes par rapport à d'autres genres de réflexion, tel qu'il le dit pour les savants qui étudient les mathématiques : « [...] Il voulait donc étudier les Mathématiques, mais son père s'y opposait absolument. Ces Sciences ont eu jusqu'à présent si peu de réputation d'utilité, que la plupart de ceux qui s'y sont appliqués, ont été des rebelles à l'autorité de leurs parents. Nos Éloges en ont fourni plusieurs exemples » (*Éloge* de Hartsoeker). Toutefois, dans d'autres *Éloges*, à travers de longues narrations, il démontre les avantages découlant de la pratique scientifique. Selon Fontenelle, toute pratique scientifique peut être considérée comme le moteur du développement de la société.

Ce ne fut qu'au commencement de la Régence que sous M. le Duc d'Orléans s'y arrêta, en le faisant Sous-directeur de la Banque Générale, de la même manière à peu près, et par les mêmes motifs qu'on donna en Angleterre la Direction de la Monnaie de Londres à M. Newton. On jugea, et là et ici, que la grande Science du Calcul, ordinairement assez stérile par rapport à l'utilité des États, serait tournée avantageusement vers ce grand objet, et qu'en même temps les deux Géomètres, à qui elle avait coûté de longs travaux, en seraient récompensés par de semblables postes. Tous deux se trouvèrent tout à coup dans une

> richesse qui leur était nouvelle, transportés du milieu de leurs Livres sur des tas d'Argent, et tous deux y conservèrent leurs anciennes mœurs, cet esprit de modération et de désintéressement, si naturel à ceux qui ont cultivé les Lettres. Mais la fortune de M. Newton fut durable, et celle de M. de Lagny ne le fut pas (*Éloge* de de Lagny).

Dans l'*Éloge* de de Lagny, mathématicien célèbre pour avoir calculé les 120 premières décimales du nombre π, Fontenelle souligne que la science du calcul peut être d'une grande utilité pour la nation, et c'est en raison de cela, grâce à la clairvoyance du souverain, que de Lagny a été choisi comme Sous-directeur de la Banque générale. Cet exemple permet aussi à Fontenelle de célébrer les vertus morales des savants qui n'ont pas l'habitude d'occuper des postes si importants par rapport auxquels ils restent indifférents et désintéressés (« Tous deux [Newton et de Lagny] se trouvèrent tout à coup dans une richesse qui leur était nouvelle, transportés du milieu de leurs Livres sur des tas d'Argent, et tous deux y conservèrent leurs anciennes mœurs, cet esprit de modération et de désintéressement, si naturel à ceux qui ont cultivé les Lettres »).

Dans d'autres *Éloges*, Fontenelle glorifie l'utilité des sciences à travers de longues narrations concernant des réalités concrètes qui, pour un public inconscient et imprévoyant, ne semblent pas avoir besoin de la recherche scientifique. C'est seulement à la fin de ces longues réflexions que Fontenelle démontre que grâce aux savants on peut désormais profiter de leurs découvertes et travaux pour améliorer la vie quotidienne. L'*Éloge* de d'Argenson, ministre d'État, lieutenant général de police, garde des Sceaux et président du Conseil des finances sous la Régence, est un exemple parfait de la rhétorique de l'utilité des sciences à laquelle Fontenelle a recours dans ses éloges historiques. Dans cet *Éloge*, Fontenelle énumère, en utilisant une hyperbole, toutes les fonctions d'un magistrat de police et ce n'est qu'à la fin de sa narration qu'il dévoile que d'Argenson a su accomplir toutes les tâches qui lui avaient été attribuées par son rôle public.

> Les Citoyens d'une Ville bien policée jouissent de l'ordre qui y est établi, sans songer combien il en coûte de peines à ceux qui l'établissent, ou le conservent, à peu près comme tous les

hommes jouissent de la régularité des mouvements célestes sans en avoir aucune connaissance ; et même plus l'ordre d'une Police ressemble par son uniformité à celui des Corps célestes, plus il est insensible, et par conséquent il est toujours d'autant plus ignoré, qu'il est plus parfait. Mais qui voudrait le connaître et l'approfondir, en serait effrayé. Entretenir perpétuellement dans une Ville telle que Paris une consommation immense dont une infinité d'accidents peuvent toujours tarir quelques sources ; réprimer la tyrannie des Marchands à l'égard du Public, et en même temps animer leur commerce ; empêcher les usurpations mutuelles des uns sur les autres, souvent difficiles à démêler ; reconnaître dans une foule infinie tous ceux qui peuvent si aisément y cacher une industrie pernicieuse, en purger la société, ou ne les tolérer qu'autant qu'ils lui peuvent être utiles par des emplois dont d'autres qu'eux ne se chargeraient pas, ou ne s'acquitteraient pas si bien ; tenir les abus nécessaires dans les bornes précises de la nécessité qu'ils sont toujours prêts à franchir, les renfermer dans l'obscurité à laquelle ils doivent être condamnés, et ne les en tirer pas même par des châtiments trop éclatants ; ignorer ce qu'il vaut mieux ignorer que punir, et ne punir que par des conduits souterrains dans l'intérieur des familles, et leur garder les secrets qu'elles n'ont pas confiés, tant qu'il n'est pas nécessaire d'en faire usage ; être présent partout sans être vu ; enfin mouvoir ou arrêter à son gré une multitude immense et tumultueuse, et être l'âme toujours agissante, et presque inconnue de ce grand corps, voilà qu'elles sont en général les fonctions du Magistrat de la Police. Il ne semble pas qu'un homme seul y puisse suffire, ni par la quantité des choses dont il faut être instruit, ni par celle des vues qu'il faut suivre, ni par l'application qu'il faut apporter, ni par la variété des conduites qu'il faut tenir, et des caractères qu'il faut prendre ; mais la voix publique répondra si M. d'Argenson a suffi à tout (*Éloge* de d'Argenson).

Selon Fontenelle, les sciences ont été conçues pendant longtemps comme un ensemble de connaissances abstraites et théoriques dépourvues soit de points communs entre elles soit d'un objectif bien précis. La rédaction des *Éloges* lui donne l'opportunité de révéler les progrès réalisés dans la recherche scientifique, qui ont conduit à un nouvel état épistémologique dans lequel les sciences modernes ont pris leur configuration actuelle. Dans l'*Éloge* de Reyneau, Fontenelle développe sa rhétorique de l'utilité des sciences et des avantages que la société peut tirer de celles-ci à travers la métaphore spatiale des cours d'eau concernant les recherches menées dans le champ de la géométrie. Les différentes recherches géométriques ont créé plusieurs vérités qui sont autant de cours d'eau qu'il faut rassembler et amener à la même source afin que la société puisse profiter du nouvel état de la recherche scientifique.

> On ne pourrait pas fondre ensemble tous les Historiens, ou tous les Chronologistes, ou même tous les Physiciens, ils sont trop contraires, trop hétérogènes les uns aux autres, ce sont des Métaux qui ne s'allient point, mais tous les Géomètres fort homogènes, et leurs idées ne peuvent refuser de s'unir. Cependant on ne doit pas penser que l'union en soit aisée. Les Géomètres inventeurs ne sont arrivés de toutes parts qu'à des Vérités, mais à une infinité de Vérités différentes, parties de différentes sources, qui ont tenu des cours, et il s'agit de les rassembler, en leur donnant à toutes des sources communes, et, pour ainsi dire, un même lit, où elles puissent toutes également couler. Quand elles sont amenées à ce nouvel état, le Public destiné à en profiter, en profite davantage, et s'il doit plus d'admiration au premier travail, à celui des Inventeurs, il doit plus de reconnaissance au second. Il a été plus particulièrement l'objet de l'un que de l'autre (*Éloge* de Reyneau).

D'une part, il faut donc essayer de développer des recherches communes menées au sein d'une nation qui reconnaît l'utilité des sciences ; de l'autre, il faut, selon Fontenelle, s'éloigner de la simple curiosité et mettre les sciences en mesure de pouvoir communiquer entre elles afin de progresser dans la recherche scientifique. À ce propos, un bon exemple est fourni par la botanique, qui doit être étudiée par rapport aux emplois médicaux qu'on peut tirer de l'analyse des plantes, en particulier des plantes dont une nation dispose.

> La Botanique ne serait qu'une simple curiosité, si elle ne se rapportait à la Médecine ; et quand on veut qu'elle soit utile, c'est la Botanique de son Pays qu'on doit le plus étudier, non que la Nature ait été aussi soigneuse qu'on le dit quelquefois, de mettre dans chaque Pays les Plantes qui devaient convenir aux maladies des habitants ; mais parce qu'il est plus commode

> d'employer ce qu'on a sous sa main, et que souvent ce qui vient de loin n'en vaut pas mieux (*Éloge* de de Tournefort).

À travers la mise en valeur de l'utilité des sciences au niveau social, Fontenelle réussit à développer également la réflexion relative à l'utilité de l'Académie royale des sciences, qui se veut comme le lieu de production et de réflexion des théories scientifiques ayant des retombées très importantes pour les individus de l'époque. Selon le secrétaire perpétuel, l'utilité des sciences va de pair avec l'utilité de l'Académie royale des sciences, dont l'auteur ne cesse jamais de célébrer les mérites aussi bien sur le plan de la vulgarisation des connaissances scientifiques que des moyens financiers que l'institution donne aux académiciens pour mener à bien leurs travaux.

L'*Éloge* de du Hamel, premier secrétaire de l'Académie royale des sciences et pensionnaire anatomiste après le renouvellement de l'institution, et celui du maréchal de Vauban, ingénieur expert en poliorcétique ayant une vision mathématique de la réalité exploitée dans ses activités d'urbaniste et d'homme militaire, soulignent le rôle joué par l'Académie royale des sciences, qui se fait l'interprète de matières abstraites et épineuses pour le public et qui attire l'estime de plusieurs savants. De même, les *Éloges* de ces deux savants permettent d'exprimer la gratitude du secrétaire perpétuel, de remuer des souvenirs du passé et d'ébaucher un éloge de la monarchie.

> Il fallait à cette Compagnie un Secrétaire qui entendît et qui parlât bien toutes les différentes Langues de ces Savants ; celle d'un Chimiste, par exemple, et celle d'un Astronome ; qui fût auprès du Public leur interprète commun ; qui pût donner à tant de matières épineuses et abstraites des éclaircissements, un certain tour, et même un agrément que les Auteurs négligent quelquefois de leur donner, et que cependant la plupart des Lecteurs demandent ; enfin, qui, par son caractère, fût exempt de partialité, et propre à rendre un compte désintéressé des contestations académiques. Le choix de M. Colbert pour cette fonction tomba sur M. du Hamel [...] (*Éloge* de du Hamel).

> Personne n'avait mieux que lui rappelé du Ciel les Mathématiques, pour les occuper aux besoins des hommes, et

> elles avaient pris entre ses mains une utilité aussi glorieuse peut-être que leur plus grande sublimité. De plus, l'Académie lui devait une reconnaissance particulière de l'estime qu'il avait toujours eue pour elle ; les avantages solides que le Public peut tirer de cet établissement, avaient touché l'endroit le plus sensible de son âme (*Éloge* du Maréchal de Vauban).

En tant qu'exemples de l'écriture institutionnelle du secrétaire perpétuel, les éloges historiques développent donc une rhétorique de la grandeur de l'Académie royale des sciences, qui doit être considérée comme le lieu député à accueillir la communauté des savants et à soutenir leurs travaux. Fontenelle insiste sur cette fonction scientifique et sociale de l'Académie, qui ne peut que reconnaître la grandeur savante et faire de sorte que les scientifiques puissent continuer à travailler sous son égide. La méthode expérimentale et la description des arts et métiers ne sont que deux des axes de recherche auxquels l'Académie royale des sciences consacre son intérêt.

> Il a suivi avec toute la diligence et l'exactitude possible l'analyse de toutes les Plantes qu'il a pu recouvrer, et a beaucoup contribué à la perfection de cette méthode, dont l'Académie a voulu voir le fond (*Éloge* de Bourdelin).

> Comme la Juridiction de la Police le rendait maître des Arts et Métiers que l'Académie a entrepris de décrire et de perfectionner, ce qui la mettait dans une relation nécessaire avec lui pour les détails de l'exécution, et que d'ailleurs il avait pour les sciences tout le goût, et leur accordait toute la protection que leur devait un homme d'autant d'esprit et aussi éclairé, la Compagnie voulut se l'acquérir, et elle le nomma en 1716 [...] (*Éloge* de d'Argenson).

Finalement, l'utilité des sciences au niveau social est liée à l'utilité des sciences pour elles-mêmes. Fontenelle n'oublie pas d'évoquer que les avancées théoriques dans une discipline scientifique sont à la disposition d'autres sciences, qui peuvent en tirer profit en premier. La grandeur savante réside, en effet, dans la capacité de savoir combiner les connaissances d'une science à celles d'autres sciences, ce que, par exemple, le maréchal de Vauban, considéré comme un Moderne dans l'art militaire, fait dans l'ingénierie militaire et dans l'urbanisme. Fontenelle cite un autre exemple du progrès scientifique lorsqu'il rend hommage à Delisle, qui introduit en cartographie le recours aux données astronomiques en faisant de sorte que cette discipline devienne une science nettement plus rigoureuse.

> Communément on n'a guère d'idée de ce que c'est une Carte Géographique, et de la manière dont elle se fait. Pour peu qu'on lise, on voit assez la différence d'une Histoire à une autre du même sujet, et on juge les Historiens, mais on ne regarde pas de si près à des Cartes de Géographie, on ne les compare point, on croit assez qu'elles sont toute à peu près la même chose, que les modernes ne sont qu'une répétition des anciennes, et si dans l'usage on en préfère quelques-unes, c'est sur la foi d'une réputation dont on n'a pas examiné les fondements. Les besoins ordinaires ne demandent pas dans les Cartes une grande exactitude. Il est vrai que pour celles qui appartiennent à la Navigation, il en faut une qui ne peut être trop parfaite, mais il n'y a que les Navigateurs qui sentent cette nécessité, il y va de leur vie (*Éloge* de Delisle).

III.2. « Dans la suite le Médecin a été partagé en trois, non qu'un Ancien vaille trois Modernes », ou le plaidoyer du nouveau

La rhétorique relative à l'utilité des sciences est étroitement liée à la conception fontenelienne de la pratique scientifique, à son tour corrélée à la position prise par le savant au sein de la querelle des Anciens et des Modernes, engagée par Perrault, qui agite le monde littéraire et artistique de l'époque. Fontenelle apporte au camp des Modernes la caution de sa gloire et il expose ses points de vue dans la *Digression sur les Anciens et les Modernes*, où, selon l'auteur, « toute la question de la prééminence entre les Anciens et les Modernes étant une fois bien entendue, se réduit à savoir si les arbres qui étaient autrefois dans nos campagnes étaient plus grands que ceux d'aujourd'hui ». À ses yeux, les Modernes ont le mérite d'avoir découvert la vérité selon une conception de l'histoire des hommes comme l'histoire d'un progrès continu, d'un perfectionnement constant de l'humanité qui ne peut plus régresser. Toutefois, Fontenelle ne dédaigne pas la contribution des Anciens aux recherches scientifiques puisqu'elles ont ouvert la voie du progrès aux Modernes par les erreurs que les Anciens ont commises : « Nous avons l'obligation aux Anciens de nous avoir épuisé la plus grande partie des idées fausses qu'on se pouvait faire ; il fallait absolument payer à l'erreur et à l'ignorance le tribut qu'ils ont payé, et nous ne devons pas manquer de reconnaissance envers ceux qui nous en ont acquittés ».

Pour Fontenelle, les *Éloges* représentent l'occasion la plus adéquate pour continuer à prendre position au sein de ce débat et le savant le fait en recourant à un ton discret qui est exempt de polémiques et d'âpres critiques. Les Anciens, porteurs souvent de préjugés archaïques qui arrêtent le progrès des sciences, servent souvent comme modèles et bases de départ pour plusieurs réflexions scientifiques modernes auxquelles les conceptions des Anciens peuvent ou ne peuvent pas s'allier. De ce point de vue, la position de Fontenelle est suffisamment équilibrée, le but étant d'esquisser la condition de la science moderne sans négliger l'apport du passé. C'est dans cette perspective que, par exemple, dans l'*Éloge* de du Hamel Fontenelle célèbre l'apport de Cicéron à la philosophie (« à la forme de Dialogues, et à cette manière de traiter la Philosophie, on reconnaît que Cicéron a servi de modèle ; mais on le reconnaît encore à une latinité pure et exquise [...] »), ou encore il rend hommage à la possibilité d'allier le passé avec le nouveau (« le succès de l'Ouvrage a été grand ; les nouveaux Systèmes déguisés en quelque sorte, ou alliés avec les anciens, se sont introduits plus facilement chez leurs Ennemis, et peut-être le vrai y a-t-il eu moins d'oppositions à essuyer, parce qu'il a eu le secours de quelques erreurs »).

Au sein de la querelle des Anciens et des Modernes, la question de l'adoption de la méthode expérimentale occupe une place centrale et ce sujet est souvent évoqué dans les éloges historiques de Fontenelle pour faire le plaidoyer du nouveau[105]

[105] Les *Éloges* offrent plusieurs exemples de la célébration du nouveau, qui pousse souvent à pratiquer des recherches compliquées pouvant mettre en discussion les théories du passé : « Mais il faut avouer que l'extrême subtilité

dont l'expérience représente l'outil le plus précieux auquel avoir recours :

> L'Art de faire des expériences porté à un certain degré, n'est nullement commun. Le moindre fait qui s'offre à nos yeux, est compliqué de tant d'autres faits, qui le composent ou le modifient, qu'on ne peut sans une extrême adresse démêler tout ce qui y entre, ni même sans une sagacité extrême soupçonner tout ce qui peut y entrer. Il faut décomposer le fait dont il s'agit en d'autres qui ont eux-mêmes leur composition, et quelquefois, si l'on n'avait bien choisi sa route, on s'engagerait dans des Labyrinthes d'où l'on ne sortirait pas. Les faits primitifs et élémentaires semblent nous avoir été cachés par la Nature avec autant de soin que des Causes, et quand on parvient à les voir, c'est un spectacle tout nouveau, et entièrement imprévu (*Éloge* de Newton).

Bien que le ton utilisé pour l'*Éloge* de Newton soit moins galant par rapport à celui employé dans l'oraison de Leibniz ou de de Malézieu, Fontenelle met en valeur les entreprises du savant anglais en reconnaissant ses mérites par rapport au dévoilement des faits scientifiques et des causes cachées par la nature. L'*Éloge* de Newton fournit au secrétaire perpétuel la

---

de ces recherches, et l'usage très délicat, et jusque-là nouveau, qu'il avait fallu faire de l'Astronomie et de l'Optique ensemble, méritaient de trouver de l'opposition même chez les Savants plus rebelles que les autres à l'instruction. Le refus de croire honore les découvertes fines » (*Éloge* de Cassini) ; « En Angleterre même, on commence à ne traiter guère mieux la Philosophie corpusculaire ; car j'entends par là celle qui n'admet que des idées claires, figures et mouvements. Peut-être dans un Pays on ne veut point de nouveautés, et dans l'autre on ne veut de nouveauté que celle qui y ont pris naissance » (*Éloge* de Poli) ; « En ce temps-là le Livre de M. le Marquis de l'Hôpital avait paru, et presque tous les Mathématiciens commençaient à se tourner du côté de la nouvelle Géométrie de l'Infini, jusque-là peu connue. L'universalité surprenante des Méthodes, l'élégante brièveté des démonstrations, la finesse et la promptitude des solutions les plus difficiles, une nouveauté singulière et imprévue, tout attirait les esprits, et il se faisait dans le monde Géomètre une révolution bien marquée. Elle n'était pourtant pas absolument générale ; dans le pays même des démonstrations on trouve encore le moyen de se diviser. M. l'Abbé Gallois, comme nous l'avons dit même dans son Éloge, ne goûtait point la nouvelle Géométrie, mais il était bien aise de ne la combattre qu'avec le secours ou à l'abri d'un Géomètre de nom […] » (*Éloge* de Rolle).

possibilité de suggérer la réconciliation entre le mécanisme cartésien et les observations et les calculs de Newton, en suivant la nouvelle méthode expérimentale. La rhétorique du nouveau est, en effet, développée par Fontenelle à travers la narration du dévoilement opéré par les sciences modernes, qui utilisent l'approche expérimentale et qui ont eu la capacité de faire sortir les disciplines scientifiques des ténèbres et des mystères où elles étaient cachées et emprisonnées.

L'expérience, décrite par Fontenelle dans l'*Éloge* de de Chazelles comme « maîtresse souveraine de tous les Arts », guide les savants modernes vers l'établissement des nouveaux systèmes des connaissances scientifiques, qui à la fin du XVIIe siècle nécessitaient d'une refonte, d'une réforme et d'une révolution capables de rectifier les erreurs du passé et de les écarter des certitudes du nouveau. Dans l'*Éloge* de de Lagny et dans celui de Boërhaave, médecin et chimiste connu pour sa didactique médicale, les résultats de l'exploitation de la méthode expérimentale sont célébrés de manière enthousiaste par Fontenelle, qui n'hésite pas à glorifier le nouveau comme le phare de la connaissance scientifique.

> Tout cela tendait principalement à une réforme, ou refonte entière de l'Arithmétique, de l'Algèbre, et de la Géométrie commune. [...] La Mesure des Angels, dont il faisait une Science à part sous le nom de *Goniométrie*, méritait cet honneur par la nouveauté de la Théorie qui l'établissait, et de là se tirait une Trigonométrie. [...] Enfin un des grands objets de M. de Lagny était la *Cyclométrie*, ou Mesure du Cercle (*Éloge* de de Lagny).

> Il ne sera point obligé à inventer des Systèmes nouveaux, mais il le sera à posséder parfaitement tout ce qui a été écrit sur sa Science, à porter de la lumière partout où les Auteurs originaux auront, selon leur coutume, laissé beaucoup d'obscurité, à rectifier leurs erreurs, toujours d'autant plus dangereuses, qu'ils sont plus estimables ; enfin à refondre toute la Science, si on peut espérer, comme le peut presque toujours, qu'elle sera plus aisée à saisir sous une forme nouvelle. C'est ce qu'a fait M. Boërhaave sur la Chimie, dans les deux Volumes in-4° qu'il en a donnés en 1732. Quoiqu'on l'eût déjà tirée de ces ténèbres

mystérieuses où elle se retranchait anciennement, et d'où elle se portait pour une Science unique, qui dédaignait toute communication avec les autres, il semblait qu'elle ne se rangeait pas bien encore sous les lois générales de la Physique, et qu'elle prétendait conserver quelques droits et quelques privilèges particuliers. [...] Il a ressemblé toutes les lumières acquises depuis un temps, et qui étaient confusément répandues en mille endroits différents, et il en a fait, pour ainsi dire, une illumination bien ordonnée, qui offre à l'Esprit un magnifique Spectacle (*Éloge* de Boërhaave).

Dans ses *Éloges*, Fontenelle exploite à plusieurs reprises la métaphore de la lumière et de l'obscurité pour faire référence aux nouvelles découvertes scientifiques. Selon Fontenelle, les académiciens décédés en tant que membres d'une communauté savante élitaire qui travaille au sein d'une institution monarchique exploitant les nouvelles méthodes de l'idéal de la science moderne, ont ouvert leurs yeux sur ce qui était dans l'obscurité. La lumière devient le symbole du futur des sciences, à une époque où tout est remis en question, de nouvelles disciplines se fondent et les anciennes connaissances sont constamment démantelées.

Les lumières évoquées dans l'*Éloge* de Boërhaave, qui a su les rassembler afin de créer une seule « illumination bien ordonnée, qui offre à l'Esprit un magnifique spectacle », sont présentes dans d'autres *Éloges* des académiciens : dans l'*Éloge* de Carré, les lumières sont mentionnées par rapport à l'éducation reçue par les femmes (« son commerce avec elles [femmes] avait encore l'assaisonnement du mystère ; car elles ne sont pas moins obligées à cacher les lumières acquises de leur esprit, que les sentiments naturels de leur cœur, et leur plus grande science doit toujours être d'observer jusqu'au scrupule les bienséances extérieures de l'ignorance »), alors que, dans l'*Éloge* de Dodart, le savant est glorifié pour ses qualités qui lui permettent de vivre avec ses collègues pour « profiter de leurs lumières, et leur communiquer les siennes », dans un espace de communion d'intérêts scientifiques. Toutefois, c'est en célébrant la figure de Cassini, directeur de l'observatoire de Paris à partir de 1671, que la métaphore de la lumière est particulièrement développée par Fontenelle. Dans son *Éloge*, le secrétaire perpétuel recourt à une hyperbole qui se base sur trois éléments : les lumières des sciences modernes, les yeux ouverts grâce à l'adoption de la méthode expérimentale et le dévoilement du monde tel qu'il est réellement. D'ailleurs, l'*Éloge* de Cassini fournit à Fontenelle la possibilité de célébrer la lente victoire du système de Copernic sur celui de Ptolémée.

> Mais au travers du frivole et du ridicule de l'Astrologie, il avait aperçu les charmes solides de l'Astronomie, et en avait été vivement touché.
> Quand l'Astronomie ne serait pas absolument nécessaire qu'elle l'est pour la Géographie, pour la Navigation, et même pour le Culte divin, elle serait infiniment digne de la curiosité de tous les esprits, par le grand et le superbe spectacle qu'elle leur présente. Il y a dans certaines mines très profondes des malheureux qui y sont nés, et qui y mourront sans avoir jamais vu le Soleil. Telle est à peu près la condition de ceux qui ignorent la nature, l'ordre, le cours de ces grands Globes qui roulent sur leurs têtes, à qui les plus grandes beautés du Ciel sont inconnues, et qui n'ont point assez de lumières pour jouir de l'Univers. Ce sont les travaux des Astronomes qui nous donnent des yeux, et nous dévoilent la prodigieuse magnificence de ce monde presque uniquement habité par des aveugles (*Éloge* de Cassini).

Les lumières qui permettent de découvrir le monde et d'étudier les parties qui le constituent, sont les lumières de la connaissance qui dissipent l'ignorance et les ténèbres qui entouraient les anciennes pratiques scientifiques. Les images de la lumière, de la vue et de l'obscurité sont parmi les *topoi* les plus exploités par Fontenelle. Dans ses éloges historiques, l'écrivain a particulièrement recours à ces métaphores lorsqu'il glorifie surtout les nouvelles découvertes scientifiques.

> L'avantage d'un Système général est qu'il donne un Spectacle plus pompeux à l'Esprit, qui aime toujours à voir d'un lieu plus élevé, et à découvrir une plus grande étendue. Mais d'un autre côté, c'est un mal sans remède, que les objets vus de plus loin et en plus grand nombre, le sont aussi plus confusément. Différentes parties sont liées pour la composition d'un tout, et fortifiées mutuellement par cette union ; mais chacune en particulier est traitée avec moins de soin, et souffre de ce qu'elle

est partie d'un Système général. Une seule matière particulière bien éclaircie satisferait peut-être autant, sans compter que, dès là qu'elle serait bien éclaircie, elle deviendrait toujours assez générale (*Éloge* de Régis).

La certitude de la Géométrie n'est nullement incompatible avec l'obscurité et la confusion, et elles sont quelques fois telles qu'il est étonnant qu'un Géomètre ait pu se conduire sûrement dans le labyrinthe ténébreux où il marchait (*Éloge* de Varignon).

Il possédait fort l'Histoire de la Géométrie. Il l'avait apprise non pas tant précisément pour l'apprendre, que parce qu'il avait voulu rassembler des lumières de tous côtés. Cette connaissance historique est sans doute un ornement pour un Géomètre, mais de plus ce n'est pas un ornement inutile. En général, plus l'Esprit a été tourné et retourné en différents sens sur une matière, plus il en devient fécond (*Éloge* de Varignon).

Les *Éloges* de Régis, rédacteur d'un système général de philosophie, et de Varignon, illustre mathématicien et directeur du Collège de France, célèbrent les avantages d'une vision éclaircie de la recherche scientifique, pouvant être exploitée pour créer des théories générales englobant plusieurs conceptions épistémologiques ainsi que pour allier des théories différentes dans une même direction. Dans l'*Éloge* de des Billettes, Fontenelle remarque également que plusieurs arts formant un « prodigieux nombre d'industries singulières », ont été négligés par les savants qui, toutefois, vont trouver ces industries « merveilleuses et ravissantes, dès qu'elles sont vues avec des yeux éclairés », puisque « les hommes ont une infinité d'arts différents ; qui ne sont point nés avec eux, et dont la gloire leur appartient ».

La métaphore de la lumière qui permet de voir clairement et sortir de la confusion ancienne des pratiques scientifiques, fait l'objet d'autres *Éloges* puisque, selon Fontenelle, c'est uniquement en suivant cette voie que l'on peut rejoindre le nouveau, dépasser l'interdit et découvrir la vérité. Fontenelle magnifie les résultats obtenus dans la pratique scientifique moderne, qui témoigne d'un nouvel état dans lequel se trouvent les sciences modernes et les connaissances scientifiques. L'*Éloge* de Ruysch, médecin et anatomiste néerlandais, et celui de Saurin, célèbre mathématicien, créent, par exemple, une ligne de démarcation entre les connaissances du passé et celles de l'époque moderne, entre ce qui dégoûtait dans le passé et ce qu'on peut réaliser grâce aux nouvelles méthodes des sciences.

> Les sujets nécessaires pour les dissections, et que la superstition populaire rend toujours très rares, périssaient en peu de jours entre les mains des Anatomistes, et lui, il savait les rendre d'un usage éternel. L'Anatomie ne portait plus avec elle ce dégoût, et cette horreur, qui ne pouvaient être surmontés que par une extrême passion. On ne pouvait auparavant faire les démonstrations qu'en Hiver ; les Étés les plus chauds y étaient devenus également propres, pourvu que les jours fussent également clairs. Enfin l'Anatomie, aussi bien que l'Astronomie, était parvenue à offrir aux Hommes des objets tout nouveaux, dont la vue leur paraissait interdite.
> Et, comme dans l'une et l'autre de ces Sciences, il est impossible de mieux voir sans découvrir, on ne sera pas surpris que M. Ruysch ait beaucoup découvert (*Éloge* de Ruysch).

> On n'a eu qu'un échantillon de Remarques de M. Saurin sur l'Art de l'Horlogerie. [...] Ce sont des Ouvriers, mais habiles, qui, conduits moins par des principes scientifiques que par des observations bien faites et des expériences bien suivies, ont formé à la longue un Art si merveilleux. Il s'agit maintenant pour les Savants de développer ce qu'on peut y avoir mis sans trop savoir qu'on l'y mettait, et de découvrir de la Géométrie et de la Mécanique où elles ne sont pas visibles pour tous les Géomètres et pour tous les Mécaniciens (*Éloge* de Saurin).

Fontenelle remarque que la nouvelle étude requise par l'exploitation de la méthode expérimentale est fort pénible puisque l'étendue des connaissances scientifiques encore à devoir acquérir est énorme. Toutefois, le but ultime de la pratique scientifique moderne est la vérité et les scientifiques qui suivent cette approche ne peuvent pas s'empêcher de comprendre et de connaître les phénomènes scientifiques qui les entourent, bien que cette réflexion soit souvent difficile et parfois sans succès. L'académicien Delisle, dont à l'époque l'apport aux connaissances en matière de cartographie a été très important, représente pour Fontenelle un exemple parfait de savant qui « prend un amour pour l'objet perpétuel de ses recherches, et se fait à cet égard une conscience ».

> Peut-être penserait-on que l'extrême difficulté des discussions Géographiques, et le peu d'apparence que des Critiques s'y embarquent, donnent à un Géographe une liberté assez ample de régler bien des choses à son gré. Mais sur les matières les moins maniées par le gros des Savants, il y a toujours, du moins si on prend toute l'Europe, un petit nombre de gens à craindre, et qui n'attendent qu'un sujet de censure, même léger. D'ailleurs un véritable Savant prend un amour pour l'objet perpétuel de ses recherches, et se fait à cet égard une conscience, qui ne lui permettent pas d'imposer. On pouvait comparer que M. Delisle était singulièrement dans cette disposition, il avait la candeur de son père.
> Des Mappemondes, des Cartes générales de l'Europe, de l'Asie, de l'Afrique, de l'Amérique, ne sont que des ébauches de la représentation de la Terre. Les Cartes particulières demandent une nouvelle étude, et une étude d'autant plus pénible qu'elles sont plus particulières. L'objet croît toujours à mesure qu'il est regardé de plus près, et il faut voir ce que l'on n'y considérait pas auparavant. Le nombre des matériaux nécessaires devient toujours plus accablant pour le Géographe, s'il se pique de précision, tous ceux qu'il peut recouvrer lui sont nécessaire (*Éloge* de Delisle).

La voie de la véritable connaissance dont disposent les membres de l'Académie royale des sciences, aux yeux bien ouverts sur le monde qu'ils doivent décrypter, est donc louée par Fontenelle dans plusieurs de ses *Éloges*, où les sciences n'apparaissent jamais comme étant porteuses de finalités néfastes. Selon Fontenelle, « les Sciences ne demandent pas à conquérir l'Univers, elles ne le peuvent, ni ne le doivent, elles ont à leur plus haut point de gloire, quand ceux qui ne s'y attachent pas, les connaissent assez pour en sentir le prix et l'importance » : c'est cette connaissance qui guide vers le nouveau et vers la vérité.

III.3. « Un grand nombre de vues, et un certain fil d'idées précieux, et quelquefois unique, périssent avec le premier Inventeur », ou la création d'une conscience historique

En tant qu'événement mondain auquel le public se presse de participer, les *Éloges* représentent pour Fontenelle l'occasion pour célébrer et louer la connaissance, qui doit être poursuivie en ayant recours à la nouvelle méthode préconisée par la science moderne. Dans un de ses premiers *Éloges* datant de 1704, celui du Marquis de l'Hôpital, célèbre mathématicien de l'époque, le secrétaire perpétuel critique de manière très directe l'idéal de l'ignorance par bienséance qui traversait la nation française :

> [...] Car il faut avouer que la Nation française, aussi polie qu'aucune Nation, est encore dans cette espèce de barbarie, qu'elle doute si les Sciences poussées à une certaine perfection ne dérogent point, et s'il n'est point plus noble de ne rien savoir. Il eut si bien l'art de renfermer ses talents et d'être ignorant par bienséance, que tant qu'il fut dans le métier de la guerre, les gens les plus pénétrants sur les défauts d'autrui ne le soupçonnèrent jamais d'être un grand Géomètre [...] (*Éloge* de de l'Hôpital).

Ce concept peut être considéré comme le point de départ du plaidoyer pour la connaissance que Fontenelle semble mettre en œuvre dans ses éloges historiques, où les thèmes de l'inconnu et de l'ignorance sont à maintes reprises abordés. Cette narration, qui est étroitement liée à la métaphore du dévoilement par les lumières de la nouvelle méthode expérimentale, guide vers un autre point central des éloges, à savoir celui du vrai. Fontenelle joue sur l'opposition entre les certitudes du passé, que la science moderne a progressivement réfutées, et les avancées scientifiques obtenues grâce aux nombreux efforts faits par la communauté des savants. Dans l'*Éloge* d'Amontons, physicien inventeur de la notion de zéro absolu et du télégraphe, et dans celui de du Hamel, par exemple, la méconnaissance sert en tant que moteur pour présenter les découvertes faites par les scientifiques qui, en dépassant les vérités du passé, ont contribué au progrès de l'esprit humain.

> […] Il joignit à cette Mécanique qui produit nos Arts, et n'est occupée que de nos besoins, la connaissance de la sublime Mécanique qui a disposé l'Univers.
> Les Instruments, tels que les Baromètres, les Thermomètres, et les Hygromètres, destinés à mesurer des variations physiques, qui nous étaient, il y a peu de temps, ou absolument inconnues, ou connues seulement par le rapport confus et incertain de nos sens, sont peut-être de toutes les inventions utiles de la Philosophie moderne, celles où l'application de la Mécanique à la Physique est la plus délicate ; et d'ailleurs, comme on s'était contenté du premier hasard, ou de la première idée qui avait fait naître ces inventions assez heureusement, elles étaient demeurées ou défectueuses en elles-mêmes, ou d'un usage peu commode (*Éloge* d'Amontons).

> La Théologie a été longtemps remplie de subtilités, fort ingénieuses à la vérité, utiles mêmes jusqu'à un certain point, mais assez souvent excessives ; et l'on négligeait alors la connaissance des Pères, des Conciles de l'Histoire de l'Église, enfin tout ce qu'on appelle aujourd'hui Théologie Positive. On allait aussi loin que l'on pouvait aller par la seule Métaphysique, et sans le secours des faits presque entièrement inconnus ; et cette Théologie a pu être appelée fille de l'Esprit et de l'Ignorance. Mais enfin les vues plus saines et plus nettes des deux derniers Siècles ont fait renaître la Positive. […] Ce que la Philosophie Expérimentale est à l'égard de la Philosophie Scholastique, la Théologie Positive l'est à l'égard de l'ancienne Théologie de l'École ; c'est la Positive qui donne du corps et de la solidité à la Scholastique (*Éloge* de du Hamel).

Le moteur de cette connaissance, qui pousse les savants à la découverte du monde et de sa constitution, est, d'après Fontenelle, la curiosité qui réside dans l'âme même des scientifiques devant satisfaire leur soif de connaissance et répondre aux passions et aux excès de la philosophie[106], qui a « elle-même ses passions et ses excès, qui ne demeurent pas impunis » (*Éloge* de Regis). Dans l'*Éloge* de du Verney, par

[106] Quant au rapport entre philosophie et religion, Fontenelle affirme : « Il est assez rare, non qu'un Philosophe soit un bon Chrétien, mais que la même action soit une observation curieuse de Philosophie, et une austérité chrétienne, et serve en même temps pour l'Académie et pour le Ciel » (*Éloge* de Dodart).

exemple, le secrétaire perpétuel exalte cette curiosité qui conduit à de nouvelles avancées dans le champ de l'anatomie comparée, qui sera rendue populaire entre la fin du XVIIIe siècle et le début du siècle suivant par Cuvier.

> Aussi excellait-il dans l'Anatomie comparée, qui est l'Anatomie prise le plus en grand qu'il soit possible, et dans une étendue où peu de gens la peuvent embrasser. Il est vrai que pour nous et pour nos besoins la structure du Corps humain paraîtrait suffire ; mais on le connaît mieux, quand on connaît aussi toutes les autres Machines faites à peu près sur le même dessein. Après celles-là il s'en présente d'autres d'un dessein fort différent, il y aura moins d'utilité à les étudier à cause de la grande différence ; mais par cette raison-là même, la curiosité sera plus piquée, et la curiosité n'a-t-elle pas ses besoins ? (*Éloge* de du Verney).

Pour Fontenelle, le monde fournit plusieurs occasions pour satisfaire la curiosité des savants, dont les vertus morales et l'éducation reçue permettent de saisir des phénomènes qui passent souvent inaperçus aux personnes communes, et qui ne sont pas analysés de manière adéquate. C'est sur ces phénomènes et ces faits scientifiques que doit se fonder la connaissance, qui toutefois a besoin d'une étude approfondie permettant de rejoindre le vrai et l'exactitude. Dans ses éloges historiques, Fontenelle cite plusieurs exemples des efforts accomplis par les académiciens décédés pour faire progresser les sciences, la narration de leurs activités constituant le moment pour célébrer leurs capacités et leur vocation. Fontenelle rend hommage, par exemple, aux talents de Homberg et de de la Hire, qui ont su voir au-delà de ce qui avait été fixé dans le passé pour embrasser l'étendue de la science et accomplir plusieurs recherches d'envergure scientifique internationale.

> Dans tous ses voyages il s'instruisait des singularités de l'Histoire Naturelle des Pays, et observait les industries particulières des Arts qui s'y pratiquent ; car les Arts fournissent une infinité d'expériences très dignes d'attention, inventées quelques fois par d'habiles gens inconnus, assez souvent par des Artisans grossiers, qui ne songeant qu'à leur utilité ou à leur commodité, et non à découvrir des phénomènes de Physique, en

ont découvert de rares et de merveilleux dont ils ne s'apercevaient pas. Ainsi, il se composait une Physique toute de faits singuliers et peu connus, à peu près comme ceux qui, pour apprendre l'Histoire au vrai, iraient chercher les pièces originales cachées dans des Archives. Il y a de même les Anecdotes de la Nature. Quand on en a acquis une grande connaissance, on ne fait pas tant de cas des Systèmes, peut-être parce qu'ils deviennent d'autant plus difficiles et plus incertains, qu'il les faut ajuster à un plus grand nombre de faits ; et pareillement ceux qui savent beaucoup d'Anecdotes historiques, estiment peu les grands corps d'Histoire, qui sont des Systèmes à leur manière (*Éloge* de Homberg).

Ceux qui ne voient les Mathématiques que de loin, c'est-à-dire qui n'en ont pas de connaissance, peuvent s'imaginer qu'un Géomètre, un Mécanicien, un Astronome, ne sont que le même Mathématicien ; c'est ainsi à peu près qu'un Italien, un Français et un Allemand passeraient à la Chine pour Compatriotes. Mais on est plus instruit, et qu'on y regarde de plus près, on sait qu'il faut ordinairement un homme entier pour embrasser une seule patrie des Mathématiques dans toute son étendue, et qu'il n'y a que des hommes rares et d'une extrême vigueur de génie qui puissent les embrasser toutes à un certain point. Le génie même, quel qu'il fût, n'y suffirait pas sans un travail assidu et opiniâtre (*Éloge* de de la Hire).

Cette rhétorique de l'effort des savants est également utilisée dans l'*Éloge* de Jean Truchet, mathématicien et ingénieur, où Fontenelle met en garde des difficultés qui peuvent naître lorsqu'on ignore certaines théories[107]. Selon le secrétaire

[107] À propos du rapport entre théorie et pratique et des difficultés qui peuvent naître dans l'application de la théorie à la pratique, Fontenelle affirme : « La Théorie et la Pratique, toujours si différentes, le sont peut-être plus en fait d'Astronomie qu'en toute autre matière ; et le plus habile Astronome qui ne le serait que par les Livres, serait tout étonné quand il viendrait à manier la lunette, qu'il ne verrait presque rien. Les Observations sont une manœuvre très fine et très délicate » (*Éloge* de de Chazelles) ; « Elles [les plantes] sont construites de façon à pouvoir représenter différents Climats, puisqu'on veut y faire oublier aux différentes Plantes leurs Climats naturels, les degrés de chaleur y sont conduits par nuances, depuis le plus fort jusqu'au tempéré, et tous les raffinements que la Physique moderne a pu enseigner à cet égard, ont été mis en pratique » (*Éloge* de du Fay).

perpétuel, la connaissance est immense et l'instruction doit être complète pour faire face aux imprévus qui peuvent surgir dans les disciplines scientifiques, le génie sans connaissance étant incomplet et insuffisant pour ne pas se tromper.

> Que le génie le plus heureux pour une certaine adresse d'exécution, pour l'invention même, ne se flatte pas d'être en droit d'ignorer et de mépriser les principes de Théorie, qui ne sauraient que trop bien s'en venger. Mais après cela le Géomètre a encore beaucoup à apprendre pour être un vrai Mécanicien, il faut que la connaissance des différentes pratiques des Arts, et cela est presque immense, lui fournisse dans les occasions des idées, et des expédients, il faut qu'il soit instruit des qualités des Métaux, des Bois, des Cordes, des Ressorts, enfin de toute la *matière machinale*, si l'on peut inventer cette expression à l'exemple de *matière médicinale*, il faut que de tout ce qu'il emploiera dans ses ouvrages, il en connaisse assez la nature pour n'être pas trompé par des accidents physiques imprévus, qui déconcerteraient les entreprises (*Éloge* du père Sébastien Truchet).

C'est au sein de cette conception de l'instruction complète à atteindre pour savoir maîtriser la « confusion magnifique » voulue par la nature, que Fontenelle introduit à maintes reprises la notion d'histoire, qui joue un rôle central dans la conception même du panégyrique que le secrétaire perpétuel veut renouveler. Toutefois, l'histoire à laquelle fait référence Fontenelle dans ses éloges historiques est à concevoir dans une double valeur : la première est la notion d'histoire des disciplines scientifiques en tant que l'ensemble des connaissances utiles aux savants pour compléter leur instruction et qui leur sert pour achever leurs recherches de manière correcte ; la seconde acception que prend la conception d'histoire dans les *Éloges*, est celle de l'histoire des disciplines en tant que l'ensemble des connaissances à construire et que Fontenelle est en train de pratiquer grâce à la rédaction de ses éloges historiques et qui est présentée aux lecteurs pour souligner le progrès de l'esprit humain au fil des années.

Dans l'*Éloge* de Leibniz, célébré pour son génie dans les mathématiques, et dans celui de de Montmort, correspondant de

Leibniz et mathématicien connu pour ses travaux sur les jeux de hasard, Fontenelle présente la notion d'histoire des disciplines scientifiques en tant qu'élément indispensable pour comprendre « la route que l'Esprit humain a tenue », pour marquer « les routes les plus sûres » et pour apprendre aux savants que leurs pareils « se sont trompés ». D'ailleurs, l'utilité de l'histoire des sciences à titre de bilan rétrospectif étant affirmée, l'histoire permet aussi de créer des rapports scientifiques avec d'autres savants, ce qui donne la possibilité de sortir de la solitude dans laquelle autrefois les hommes de science vivaient[108].

> L'Histoire des pensées des hommes, certainement curieuse par le spectacle d'une variété infinie, est aussi quelquefois instructive. Elle peut donner de certaines idées détournées du chemin ordinaire, que le plus grand esprit n'aurait pas produites de son fonds : elle fournit des matériaux de pensées ; elle fait connaître les principaux écueils de la raison humaine, marque les routes les plus sûres, et ce qui est le plus considérable, elle apprend aux plus grands génies, qu'ils ont eu des pareils, et que leurs pareils se sont trompés. Un Solitaire peut s'estimer davantage que ne fera celui qui vit avec les autres, et qui s'y compare (*Éloge* de Leibnitz).

> Chaque Science, chaque Art devrait avoir la sienne [Histoire]. Il est très agréable, et ce plaisir renferme beaucoup d'instruction, de voir la route que l'Esprit humain a tenue, et pour parler géométriquement, cette espèce de progression, dont les intervalles sont d'abord extrêmement grands, et vont ensuite naturellement en se serrant toujours de plus en plus. L'Histoire de la Géométrie ancienne aurait été d'une discussion et d'une recherche fort pénible, et il eût fallu beaucoup travailler pour ne rien apprendre que des Méthodes embrassées qui ont conduit les plus grands Génies à ce qui n'est présentement un jeu. La Géométrie moderne, dont l'Époque est à Descartes, qui a changé la face de tout, eut été plus agréable, et plus intéressante, mais

[108] À titre d'exemple, le secrétaire perpétuel cite l'isolement dans lequel étaient renfermés les géomètres parisiens : « Les Géomètres qui encore aujourd'hui ne sont pas communs, l'étaient encore beaucoup moins. C'était un titre assez singulier, et qui par lui-même attirait l'attention. Le peu qu'il y en avait dans Paris n'étaient que des Géomètres de cabinet, séquestrés au monde » (*Éloge* de Sauveur).

en même temps plus dangereuse à traiter. Non seulement les Particuliers, mais les Nations mêmes ont des jalousies (*Éloge* de de Montmort).

Pour Fontenelle chaque science devrait posséder sa propre histoire, qui permettrait de séparer les anciennes pratiques des nouvelles, cette connaissance historique étant « un ornement [...], mais de plus ce n'est pas un ornement inutile », puisque « plus l'Esprit a été tourné et retourné en différents sens sur une matière, plus il en devient fécond » (*Éloge* de Varignon).

Quant à la pratique de l'histoire des sciences, Fontenelle en est un des inventeurs puisque cette activité rentre à part entière dans ses fonctions institutionnelles. En raison de leur nature, les *Éloges* sont des nécrologies sans ornements oratoires dans lesquelles le secrétaire perpétuel raconte l'histoire de l'esprit humain, ainsi que les différentes étapes du progrès scientifique, qu'il présente aux lecteurs de ses textes en essayant d'utiliser un ton et des images relativement simples pouvant faciliter la compréhension de sujets scientifiques parfois difficiles. C'est dans les passages des *Éloges* où il s'attarde à souligner l'évolution des disciplines scientifiques, que Fontenelle utilise de plus des métaphores dont la fonction est souvent de présenter la situation des sciences avant l'utilisation de la méthode expérimentale et avant le surgissement de la conception moderne de scientificité. C'est aussi dans ces passages textuels que le secrétaire perpétuel pousse la stratégie de la métaphore jusqu'à la personnification afin d'attribuer à la nature des qualités humaines : dans l'*Éloge* de Mery, les animaux racontent au savant la gloire de Dieu ; dans l'*Éloge* de du Hamel, l'ancienne physique est présentée comme un royaume démembré, où les sciences étaient nettement séparées et ne communiquaient pas entre elles[109] ; dans l'*Éloge* de Guglielmini, qui se partage entre les mathématiques, l'astronomie, la médecine, la chimie et l'hydrostatique et comme le dit Fontenelle « sa vie entière a été

---

[109] Fontenelle utilise l'image du royaume aussi dans l'*Éloge* de Bernouilli, où il affirme à propos de la géométrie : « Il n'est pas si glorieux à l'esprit de Géométrie de régner dans la Physique, que dans les choses morales, si compliquées, si casuelles, si changeantes ; plus une matière lui est opposée et rebelle, plus il a d'honneur à la dompter » (*Éloge* de Bernouilli).

dévouée aux Sciences », l'ancienne chimie mystérieuse se composait de raisonnements qui étaient des fictions sans aucun rapport avec la réalité ; dans l'*Éloge* de de Tournefort et dans celui de Newton, la nature, dont les savants veulent connaître les mystères, est décrite comme une vaste intelligence qui a été capable de créer plusieurs faits scientifiques devant être dévoilés et dans laquelle les savants les plus audacieux entrent comme l'on entre dans les entrailles de la terre, comme le fait de Tournefort lors de son exploration des abîmes[110] de la grotte d'Antiparos (« en vain la Nature s'était cachée dans des lieux si profonds et si inaccessibles pour travailler à la végétation des pierres, elle fut, pour ainsi dire, prise sur le fait par des Curieux si hardis »).

> La Physique était alors comme un grand Royaume démembré, dont les Provinces ou les Gouvernements seraient devenus des Souverainetés presque indépendantes. L'Astronomie, la Mécanique, l'Optique, la Chimie, etc. étaient des Sciences à part, qui n'avaient plus rien de commun avec ce qu'on appelait Physique ; et les Médecins même en avaient détaché leur Physiologie, dont le nom le trahissait. La Physique appauvrie et dépouillée n'avait plus pour son partage que des questions également épineuses et stériles (*Éloge* de du Hamel).

> Il n'y a pas encore fort longtemps que tous les raisonnements de Chimie n'étaient que des espèces de fictions poétiques, vives,

110 La métaphore des abîmes de la connaissance est évoquée également dans l'*Éloge* de Rolle relativement aux efforts faits par le savant dans le domaine des mathématiques : « Il n'y a point d'habiles Mathématiciens qui ne sachent beaucoup d'Algèbre, ou du moins assez pour l'usage indispensable. Mais cette science poussée au-delà de cet usage ordinaire est si épineuse, si compliquée de difficultés, si embrassée de calculs immenses, et pour tout dire, si affreuse, que très peu de gens ont un courage assez héroïque pour s'aller jeter dans ces abîmes profonds et ténébreux. On est plus flatté de certaines Théories brillantes, où la finesse de l'esprit semble avoir plus de part que la dureté du travail. De plus, il ne s'agit dans l'Algèbre que de l'art de démêler une grandeur inconnue au travers de mille nuages qui la couvrent, supposé qu'on ait dessein de la connaître ; mais ce dessein, ce sont d'autres parties des Mathématiques, des intérêts particuliers, pour ainsi dire, qui le font naître en certaines occasions, et ou les attend pour se donner la peine d'employer l'Algèbre ; ou, ce qui est encore plus court, quand l'affaire en est venue là, on se contente de la renvoyer à l'Algèbre, qui est obligé de s'en charger » (*Éloge* de Rolle).

animées, agréables à l'imagination, inintelligibles, et insupportables à la raison. La saine Philosophie a paru, qui a entrepris de réduire à la simple mécanique corpusculaire cette Chimie mystérieuse, et en quelque façon si fière de son obscurité. Cependant il faut avouer qu'il lui reste encore chez quelques Auteurs des traces de son ancienne Poésie, désunions presque volontaires des combats qui ne sont guère fondés que sur des inimitiés, et quelques autres qui peuvent ne pas convenir au sévère mécanisme. [...] Il y rappelle tout avec rigueur aux règles d'une Physique exacte et claire ; et pour épurer la Chimie encore plus parfaitement, et en entraîner toutes les saletés, il y fait passer la Géométrie (*Éloge* de Guglielmini).

Cet ordre si nécessaire n'a point été établi par la Nature, qui a préféré une confusion magnifique à la commodité des Physiciens ; et c'est à eux à mettre presque malgré elle de l'arrangement et un Système dans les Plantes (*Éloge* de de Tournefort).

Les faits primitifs et élémentaires semblent nous avoir été cachés par la Nature avec autant de soin que des Causes, et quand on parvient à les voir, c'est un spectacle tout nouveau, et entièrement imprévu (*Éloge* de Newton).

Nous avons dit de M. Cassini, que les Cieux lui racontaient sans cesse la gloire de leur Créateur, les Animaux la racontaient ainsi à M. Mery. L'Astronomie et l'Anatomie sont en effet les deux Sciences où sont le plus sensiblement marqués les caractères du Souverain Être, l'une annonce son immensité par celle des Espaces Célestes, l'autre son Intelligence infinie par la Mécanique des Animaux. On peut même croire que l'Anatomie a quelque avantage, l'Intelligence prouve encore plus que l'Immensité (*Éloge* de Mery).

Selon Fontenelle, toute science mérite d'être étudiée et analysée, et toute science mérite dans ses *Éloges* une sorte de compte-rendu sur son état actuel. Cette conception de l'importance de l'histoire des disciplines scientifiques permet au secrétaire perpétuel de rappeler les différentes caractéristiques des sciences, qui parfois présentent plusieurs points de divergence sur lesquels il s'attarde souvent. Cette narration de l'évolution des disciplines scientifiques devient dans plusieurs éloges historiques une digression par rapport à la présentation des événements personnels et scientifiques des académiciens, ce qui sert à situer le savant décédé au sein de l'évolution du progrès de l'esprit humain et des connaissances scientifiques. Cette technique narrative est employée, par exemple, pour présenter l'art de la navigation, à laquelle Fontenelle consacre un long paragraphe, où il célèbre l'apport de la géométrie et de la mécanique au développement de cet art si compliqué.

> L'Art de la Navigation consiste en deux parties ; le Pilotage qui regarde principalement l'usage de la Boussole, et la manœuvre qui regarde la disposition des Voiles, du Gouvernail et du Vaisseau, par rapport à la route qu'on veut faire, et aux avantages qu'on peut tirer du vent. Le Pilotage qui ne demande que la simple Géométrie Élémentaire, avait été assez traité, et assez bien, mais aucun Géomètre n'avait touché à la Manœuvre, il y fallait une fine application de la Géométrie à une Mécanique épineuse et compliquée. M. Renau moins effrayé que flatté de la difficulté de l'ouvrage l'entreprit [...] (*Éloge* de Renau).

Cette narration sur la navigation, bien qu'elle contribue à préciser les caractéristiques de cet art et les parties dont il se compose, devient le moteur déclencheur du plaidoyer de Renau, ingénieur et officier de marine, qui commence une entreprise scientifique fort compliquée devant prendre en considération les épines de l'application de la géométrie à la mécanique. D'ailleurs, l'*Éloge* de Renau donne aussi l'occasion au secrétaire perpétuel d'exalter la politique maritime et coloniale de la France menée par Colbert, Seignelay et Pontchartrain.

Fontenelle a recours à cette même stratégie argumentative dans les *Éloges* des botanistes de Tournefort et Blondin, dans lesquels, avant d'esquisser les mérites des deux académiciens, Fontenelle décrit la situation épistémologique de la botanique.

> La Botanique n'est pas une science sédentaire et paresseuse, qui se puisse acquérir dans le repos et dans l'ombre d'un cabinet, comme la Géométrie et l'Histoire, ou qui tout au plus, comme la Chimie, l'Anatomie et l'Astronomie, ne demande que des opérations d'assez peu de mouvement. Elle veut que l'on coure

les montagnes et les forêts, que l'on gravisse contre des rochers escarpés, que l'on s'expose aux bords des précipices. Les seuls Livres qui peuvent nous instruire à fond de cette matière, ont été jetés au hasard sur toute la surface de la terre ; et il faut se résoudre à la fatigue et au péril de les chercher et de les ramasser. De là vient aussi qu'il est si rare d'exceller dans cette science : le degré de passion qui suffit pour faire un Savant d'une autre espèce, ne suffit pas pour faire un grand Botaniste ; et avec cette passion même, il faut encore une santé qui puisse la suivre, et une force de corps qui y réponde (*Éloge* de de Tournefort).

Nous avons déjà dit dans l'Éloge de M. de Tournefort combien la Botanique est une Science laborieuse et pénible pour le corps même. Il y a des Peuples qui ne se sont point encore avisés de faire des provisions pour leur substance, et qui sont obligés d'aller la chercher tous les jours dans les campagnes et dans les bois. On pourrait dire que les Botanistes leur ressemblent. Ils n'ont point leurs provisions amassées dans leur Cabinet, comme plusieurs autres espèces de Savants ; et il faut qu'ils aillent avec beaucoup de fatigues chercher au loin dans les bois et dans les campagnes les aliments de leur curiosité. [...] Il faut que la Botanique soit bien vaste, si après tant de recherches de tant d'habiles gens, on a pu prendre pour des productions d'un autre monde ce que l'on foulait ici sous les pieds (*Éloge* de Blondin).

La botanique, en tant que science laborieuse et pénible, ne peut être acquise dans un cabinet, différemment des autres sciences, et c'est pour ces caractéristiques de la discipline que les botanistes sont des savants poussés par une forte passion et doués d'une santé remarquable. Dans les *Éloges* de de Tournefort et de Blondin, Fontenelle célèbre l'esprit des botanistes, la narration des caractéristiques de la botanique permettant de raconter certaines pratiques propres à cette discipline (par exemple, le fait de devoir se déplacer pour chercher les « aliments » de la curiosité des botanistes, le travail fait en dehors des cabinets, la fatigue pour satisfaire les nécessités imposées par cette science). Ce même type de narration, qui met en valeur les conditions de travail dans lesquelles se trouve certaines sciences, est employé aussi par Fontenelle lorsqu'il aborde les développements qui sont en train de se produire dans le champ de la chimie au cours du XVIIIe siècle. L'*Éloge* de Lémery, chimiste célèbre et auteur du

Cours de chymie, où il présente tout le savoir empirique de la chimie de la fin du XVIIe siècle, est un exemple parfait de narration de l'état scientifique de la chimie[111], cachée dans « une grande quantité de faux », proie et victime de « une langue barbare », vide de sens.

> La Chimie avait été jusque-là une Science, où, pour emprunter ses propres termes, un peu de vrai était tellement dissous dans une grande quantité de faux, qu'il en était devenu invisible, et tous deux presque inséparables. Au peu de propriétés naturelles que l'on connaissait dans ces mixtes, on en avait ajouté tant qu'on avait voulu d'imaginaires, qui brillaient beaucoup davantage. Les métaux sympathisaient avec les Planètes et avec les principales parties du corps humain ; un alkali, que l'on n'avait jamais vu, dissolvait tout : les plus grandes absurdités étaient révérées à la faveur d'une obscurité mystérieuse dont elles s'enveloppaient, où elles se retranchaient contre la raison. On se faisait honneur de ne parler qu'une langue barbare, semblable à la langue sacrée de l'ancienne Théologie d'Égypte, entendue des seuls Prêtres, et apparemment assez vide de sens. Les opérations chimiques étaient décrites dans les Livres d'une manière si énigmatique, et souvent chargées à dessein de tant de circonstances impossibles ou inutiles, qu'on voyait que les Auteurs n'avaient voulu que s'assurer la gloire de les savoir, et jeter les autres dans le désespoir d'y réussir. Encore n'était-il pas fort rare que ces Auteurs même n'en fussent pas tant, ou n'en eussent pas tant fait qu'ils le voulaient faire accroître (*Éloge* de Lemery).

Cette narration simple, mais toutefois très détaillée, des connaissances acquises dans les sciences devient le moteur d'un autre type de réflexion importante sur les nouvelles disciplines scientifiques qui se configurent au cours du XVIIIe siècle. Dans ces cas, il s'agit de références très rapides mais importantes par rapport à l'histoire des connaissances scientifiques que Fontenelle est en train de produire. Le secrétaire perpétuel cite,

---

111 À ce propos, Fontenelle remarque la nécessité de reprendre les connaissances du passé pour fonder la nouvelle chimie : « La Chimie était encore si imparfaite et si peu cultivée, que pour y faire quelques progrès, il fallait reprendre cette ancienne façon de s'instruire » (*Éloge* de Lemery).

donc, la naissance de l'hydrométrie dans l'*Éloge* de Gugliemini (« comme M. Gugliemini avait porté la Science des eaux plus haut qu'elle n'avait encore été, du moins en Italie, et qu'il en avait une Science presque nouvelle, Bologne fonda dans son Université en 1694 une nouvelle Chaire de Professeur en *Hydrométrie*, qu'elle lui donna. Le nom d'Hydrométrie était nouveau, aussi bien que la place, et l'un et l'autre rappelleront toujours la mémoire de celui qui en a rendu l'établissement nécessaire »), de l'acoustique dans l'*Éloge* de Sauvuer (« il entra dans l'Académie en 1699, déjà rempli d'un grand dessein qu'il méditait, d'une science presque toute nouvelle qu'il voulait mettre au jour, de son Acoustique, qui doit être, pour ainsi dire, en regard avec l'Optique ») et les avancées de l'astronomie dans l'*Éloge* du Chevalier de Louville (« les Calculs Astronomiques, qui ne roulent que sur des *à peu près*, quoiqu'extrêmement approchants, il les voulait amener à être des Calculs Algébriques, exempts de tout tâtonnement. L'Astronomie acquérait par là une certaine noblesse, et devenait plus véritablement Science »), ce qui lui permet de rendre explicitement hommage aux savants qui se sont distingués par leurs mérites. C'est également à ces académiciens que l'on doit la naissance des débats autour de certaines questions scientifiques, qui n'ont pas encore trouvé de solution à l'époque de Fontenelle. Le secrétaire perpétuel ne dédaigne pas de citer ces questions afin de mettre en relief que l'histoire des sciences est une histoire qui se construit de manière progressive[112], lente, et qu'il faut mettre constamment à jour. Dans l'*Éloge* de Renau, c'est la question du plein et du vide qui est racontée au lecteur, dans celui de Maraldi il s'agit de citer l'établissement d'une nomenclature de la botanique, dans l'*Éloge*

[112] C'est cette construction progressive de l'histoire des sciences que Fontenelle souligne également dans l'*Éloge* du Marquis de l'Hôpital : « Aussi cet Ouvrage a-t-il été reçu avec un applaudissement universel ; car l'applaudissement est universel, quand on peut très facilement compter dans toute l'Europe sur les suffrages qui manquent : et il doit toujours en manquer quelques-uns aux choses nouvelles et originales, surtout quand elles demandent à être bien entendues. Ceux qui remarquent les événements de l'Histoire des Sciences, savent avec quelle avidité l'analyse des Infiniment Petits a été saisie par tous les Géomètres naissants [...] » (*Éloge* de de l'Hôpital).

du Chevalier de Louville le procès des forces vives est indiquée comme n'étant pas encore jugé en forme.

> Enfin de quelque côté que la vérité pût être, puisque le Géomètre naissant avait partagé des Géomètres consommés, son honneur était à couvert. Ce sera un sujet de scandale ou plutôt de joie pour les profanes, que des Géomètres se partagent, mais ce n'est pas sur la pure Géométrie, c'est sur une Géométrie mixte, où il entre des idées de Physique, et avec elles quelquefois une portion de l'incertitude qui leur est naturelle. De plus près quelque discussion toute question de Géométrie se décide et finit, au lieu que les plus anciennes questions de Physique, comme celle du Plein et du Vide, durent encore, et ont le malheureux privilège d'être éternelles (*Éloge* de Renau).

> Il faisait des observations Physiques sur des Insectes, sur des Pétrifications curieuses, sur la culture des Plantes, partie de la Botanique, à laquelle il serait temps que l'on songeât autant qu'on a fait jusqu'ici à la Nomenclature, qui n'est qu'un Préliminaire. Ce n'est pas que ce Préliminaire soit fini, s'il doit l'être jamais ce ne sera que dans plusieurs Siècles, mais on l'a mis en état de permettre que l'on aille désormais plus avant (*Éloge* de Maraldi).

> Le procès des Forces vives n'est pas encore jugé en forme. Il ne faut pas s'attendre qu'il sorte du Monde savant une voix générale qui le décide, mais dans la suite du temps les Géomètres, que des occasions inévitables forceront à prendre un parti, tomberont dans le bon par l'enchaînement des vérités, et l'autre demeurera oublié. Il y a eu, et il y aura encore de ces décisions sourdes du Public (*Éloge* du Chevalier de Louville).

Pour Fontenelle citer des questions scientifiques sans résolutions sert, d'une part, pour raconter l'histoire de l'esprit humain en tant qu'histoire encore en cours, pour laquelle il n'existe aucune conclusion, et, de l'autre part, pour raconter les hommes de génie qui continuent à se consacrer à des sujets fort compliqués, qui méritent toutes les louanges du public. En tant qu'historiographe de l'Académie royale des sciences, Fontenelle sait que ses *Éloges* doivent satisfaire plusieurs fonctions pragmatiques et la création d'une conscience historique dans ses lecteurs rentre parmi les buts principaux de ces nécrologies des savants. C'est pour cette raison que dans l'*Éloge* du Chevalier de Louville, il indique qu'il ne rapporte que des « bagatelles, si elles n'étaient de quelque utilité pour l'Histoire des connaissances du Genre humain, et si elles ne faisaient voir avec quelle extrême lenteur les Nations en corps cheminent vers les vérités les plus simples ». Les vérités des sciences doivent être dévoilées, en raison notamment du fait que, d'après Fontenelle, plusieurs personnes agissent aveuglement, sans les lumières de la véritable connaissance scientifique.

> En général le nombre des Hommes qui pensent est petit, et l'on pourrait dire que tout le Genre humain ressemble au Corps humain où le Cerveau, et apparemment une très petite partie du Cerveau, est tout ce qui pense, tandis que toutes les autres parties, beaucoup plus considérables par leur masse, sont privées de cette noble fonction, et n'agissent qu'aveuglément (*Éloge* de de Ressons).

Raconter l'histoire de l'esprit humain signifie raconter et exalter les hommes qui grâce à leurs capacités et à leurs connaissances ont contribué aux progrès de l'humanité, des savants dont on célèbre l'immortalité de l'âme qui entre dans l'éternité à travers une narration biographique qui est en même temps narration de la naissance de la discipline de l'histoire des sciences.

III.4. « Tout partait d'un seul principe ; d'un cœur naturellement droit et noble, qui avait été continuellement cultivé par la Religion », ou la célébration de la grandeur savante

La narration biographique créée par Fontenelle dans ses *Éloges* se focalise principalement sur les projets scientifiques réalisés par les académiciens décédés, qui ont contribué à la grandeur de l'institution à laquelle ils appartiennent, au progrès de l'esprit humain et au développement des sciences en général. Toutefois, en raison de leur appartenance au genre épidictique, Fontenelle ne peut s'empêcher de consacrer plusieurs sections de ses *Éloges* à la description personnelle du savant dont on commémore aussi bien les contributions données au progrès des sciences que ses vertus morales, étroitement liées à sa fonction de savant qui travaille pour les besoins sociaux.

Bien que plusieurs passages des *Éloges* présentent des considérations relatives à la vie personnelle du savant célébré, c'est principalement dans la partie initiale et dans la péroraison finale de ses nécrologies que Fontenelle exalte le scientifique pour ses mœurs et son intégrité morale, pour les qualités de son caractère et de son esprit. Dans ces deux parties textuelles des *Éloges*, Fontenelle rend hommage aux savants en tant qu'êtres humains et en tant qu'individus qui vivent la société de leur époque et qui peuvent souffrir des mêmes difficultés que la vie peut présenter à tout individu. Le secrétaire perpétuel est tout à fait conscient que pour rendre les sciences aimables il faut peindre l'image d'un savant aimable, qui n'est pas un homme hors du commun pour son style de vie, pour ses habitudes alimentaires ou pour ses maladies physiques. Dans les *Éloges* de Morin, Leibniz et Saurin, par exemple, Fontenelle présente ces savants dans leurs pratiques et rythmes de vie quotidienne, ainsi que dans les difficultés ordinaires que tout être humain doit franchir.

> Ce régime si singulier n'était qu'une portion de la règle journalière de sa vie, dont toutes les fonctions observaient un ordre presque aussi uniforme et aussi précis que les mouvements des corps célestes. Il se couchait à sept heures du soir en tout temps, et se levait à deux heures du matin. Il passait trois heures en prières. Entre cinq et six heures en été, et l'hiver entre six et sept, il allait à l'Hôtel-Dieu, et entendait le plus souvent la Messe à Notre-Dame (*Éloge* de Morin).

> Il était d'une forte complexion. Il n'avait guère eu de maladies, excepté quelques vertiges dont il était quelquefois incommodé, et la goutte. Il mangeait beaucoup et buvait peu, quand on ne le forçait pas ; et jamais de vin sans eau. Chez lui il était absolument le maître, car il y mangeait toujours seul. Il ne réglait pas ses repas à de certaines heures, mais selon ses études. Il n'avait point de ménage, et envoyait quérir chez un Traiteur la première chose trouvée. Depuis qu'il avait la goutte, il ne dînait

> que d'un peu de lait ; mais il faisait un grand souper, sur lequel il se couchait à une heure ou deux après minuit. Souvent il ne dormait qu'assis sur une chaise, et ne s'en réveillait pas moins frais à sept ou huit heures du matin. Il étudiait de suite, et il a été des mois entiers sans quitter le siège ; pratique fort propre à avancer beaucoup un travail, mais fort malsaine. Aussi croit-on qu'elle lui attira une fluxion sur la jambe droite, avec un ulcère ouvert. Il y voulut remédier à sa manière, car il consultait peu les Médecins ; il vint à ne pouvoir presque plus marcher, ni quitter le lit (*Éloge* de Leibnitz).
>
> Le principal, et presque l'unique divertissement de M. Saurin, était d'aller tous les jours à un Café (*Éloge* de Saurin).

Un des objectifs des *Éloges* de Fontenelle est de créer un espace de médiation entre les sciences et un public très vaste, ce qui est de manière claire la finalité intrinsèque des informations que le secrétaire perpétuel fournit sur la vie personnelle des savants décédés. Fontenelle tente de supprimer la distance qui sépare le discours mondain du discours de la science, les thématiques, les images et les figures évoquées dans ses *Éloges* obéissant à cette stratégie de vulgarisation[113]. Le secrétaire s'attarde également sur les événements extraordinaires vécus par le savant, en sorte que relations de voyages et récits de bataille se développent en digressions agréables. En revanche, les comptes-rendus des ouvrages et des travaux sont souvent abrégés, pour ne pas faire concurrence à la savante *Histoire de l'Académie*. Toutes ces pages des *Éloges* révèlent l'art du conteur, et font découvrir des images remarquablement adaptées du récit d'aventures. Quant aux renseignements sur les habitudes des savants, ces passages textuels n'ont donc aucune valeur en ce qui concerne

[113] Fontenelle remarque également les nécessités linguistiques liées à la découverte des nouvelles réalités scientifiques. C'est le cas, par exemple, des noms des plantes, que les savants ont le privilège de devoir parfois choisir : « Il [Morin] a nommé de même la *Dodarte*, la *Fagonne*, la *Bignonne*, la *Phelypée* ; et ce sont là de ces sortes de grâces que les Savants peuvent faire non seulement à leurs pareils, mais aux Grands. Une Plante est un monument plus durable qu'une Médaille ou qu'un Obélisque. Il est vrai cependant qu'il arrive des malheurs même aux noms attachés aux Plantes ; témoin la *Nicotiane*, qui ne s'appelle plus que tabac » (*Éloge* de Morin).

l'histoire de l'esprit humain ou celle des sciences, mais ils répondent uniquement à la volonté de Fontenelle de donner quelques épisodes des vies exemplaires des savants dans leurs aspects les plus anecdotiques et concrets, à savoir quand le savant cesse d'être un savant aux yeux de ses lecteurs et devient un être humain devant les difficultés de la vie. Toutefois, les existences décrites par Fontenelle restent des vies exemplaires aussi bien dans les résultats scientifiques obtenus par les savants qu'en raison des vertus morales qui caractérisent les savants mêmes, et c'est sur cette exemplarité que Fontenelle insiste dans la péroraison finale qui achève les différents *Éloges*.

Les passages textuels présentant les vertus morales des académiciens décédés esquissent souvent les caractéristiques communes des âmes de ces hommes de génie, ce que Fontenelle avoue lorsque dans l'*Éloge* de Varignon il affirme : « Son caractère était aussi simple que sa supériorité d'esprit pouvait le demander. J'ai déjà donné cette même louange à tant de personnes de cette Académie, qu'on peut croire que le mérite en appartient plutôt à nos Sciences qu'à nos Savants[114] ». La rhétorique des vertus morales des savants réalisée par Fontenelle dans ses *Éloges* évoque notamment certains traits moraux des scientifiques, tels que la bonté, la simplicité, l'humanité, l'absence de jalousie et la grandeur d'âme. Dans plusieurs *Éloges*, ces vertus sont mises en opposition à des traits néfastes, qui sont absents du caractère des savants : par exemple, Viviani a « cette innocence et cette simplicité de mœurs que l'on conserve ordinairement [...] et il n'avait point cette rudesse et une certaine fierté sauvage [...] », Homberg possède une « tranquillité d'âme [à laquelle] tiennent nécessairement la probité et la droiture : on est hors du tumulte des passions », le

[114] Cependant, pas tous les académiciens disparus se distinguent pour les mêmes qualités : par exemple, Viviani possède « cette innocence et cette simplicité de mœurs que l'on conserve ordinairement » (*Éloge* de Viviani), de Tschirnhaus possède « cette délicieuse tranquillité, qui est le plus grand et le moins recherché de tous les biens » (*Éloge* de de Tschirnhaus), les mœurs de Rolle ont été formées grâce à « un grand attachement à l'étude et l'heureuse privation du commerce du monde » (*Éloge* de Rolle), Hartsoeker est « vif, enjoué, officieux, d'une bonté et d'une facilité, dont de faux amis ont abusé assez souvent » (*Éloge* de Hartsoeker).

Marquis de l'Hôpital n'est « nullement jaloux, non par la connaissance de sa supériorité, mais par son équité naturelle : car sans cette équité, ceux qui se croient, et qui sont même les plus supérieurs aux autres, sont encore jaloux », le Maréchal de Vauban méprise « cette politesse superficielle dont le monde se contente, et qui couvre souvent tant de barbarie ; mais sa bonté, son humanité, sa libéralité lui composaient une autre politesse plus rare, qui était toute dans son cœur ». La rhétorique des vertus morales des savants se base, donc, sur certains éléments fréquemment répétés par Fontenelle à l'intérieur des *Éloges* afin de créer presque une image universelle du scientifique appartenant à l'Académie royale des sciences.

> Les qualités de son cœur étaient encore préférables à celles de son esprit : une droiture si naïve et si peu méditée, qu'on y voyait l'impossibilité de se démentir ; une simplicité, une franchise et une candeur, que le peu de commerce avec les hommes pouvaient conserver, mais qu'il ne lui avait pas données ; une entière incapacité de se faire valoir autrement que par ses Ouvrages, ni de faire sa cour autrement que par son mérite, et par conséquent une incapacité presque entière de faire fortune (*Éloge* d'Amontons).

> M. Guglielmini détruisit cette prétention avec toute l'honnêteté que devait garder un homme qui s'était cru sincèrement capable d'erreur (*Éloge* de Guglielmini).

> […], mais sa modestie naturelle et sincère, lui auraient fait pardonner ses talents et sa réputation par les esprits les plus jaloux. On sentait en lui cette candeur et cette simplicité, que l'on aime tant dans les grands Hommes, et qui cependant y sont plus communes que chez les autres (*Éloge* de Cassini).

> […], il était fort doux, et à ces colères succédait une petite honte, et un repentir gai. Il était bon Maître même à l'égard de Domestiques qui l'avaient volé, bon Ami, bon Mari, bon Père ; non seulement pour le fond des sentiments, mais ce qui est plus rare, dans tout le détail de sa vie (*Éloge* de de Montmort).

Bien que Fontenelle célèbre dans plusieurs passages de ses *Éloges*, entre autres, la bonté, le courage et la simplicité de l'âme des savants, les traits sur lesquels il insiste notamment sont la modestie et l'humilité de ces hommes de science, ce qui permet de créer une rhétorique des vertus morales dépourvues de tout intérêt lié aux avantages et aux bénéfices que les savants peuvent tirer de leur statut social. Dans l'*Éloge* de de Tschirnhaus, le secrétaire perpétuel affirme que « il aimait donc les Sciences de cet amour pur et désintéressé qui fait tant d'honneur, et à l'objet qui l'inspire, et au cœur qui le ressent », dans celui de Bourdelin il soutient que « son désintéressement ne venait pas de sa fortune ; il venait de son caractère, car il n'est pas rare qu'un homme riche veuille s'enrichir », dans celui de des Billettes il avoue que « le bien public, l'ordre ou plutôt tous les différents établissements particuliers d'ordre que la société demande, toujours sacrifiés sans scrupule, et même violés par une mauvaise gloire, étaient pour lui des objets d'une passion vive et délicate ». Encore, dans l'*Éloge* de Newton, Fontenelle affirme que le savant anglais « aurait mieux aimé être inconnu que de voir le calme de sa vie troublé par ces orages littéraires, que l'esprit et la Science attirent à ceux qui s'élèvent trop » et qu'il est « toujours de niveau avec tout le monde », et du Fay a « des mœurs douces, une gaieté fort égale, une grande envie de servir et d'obliger, et tout cela n'était mêlé de rien que déplût, d'aucun air de vanité, d'aucun étalage de savoir, d'aucune malignité, ni déclarée, ni enveloppée ».

Fontenelle réussit à créer un éloge des vertus morales des savants dans lequel l'écrivain n'oublie jamais le statut de scientifique des académiciens décédés. L'éloge fontenellien, et par conséquent l'image du savant, sont étroitement liés aux principes de la science moderne dont le but est d'améliorer les conditions de vie de la société de l'époque. Les savants se distinguent souvent des autres êtres humains en raison de leur volonté de servir la société sans demander aucune reconnaissance sociale : plus qu'un éloge des vertus morales du savant, Fontenelle semble construire un éloge de la moralité du savant, qui échappe des logiques de l'intérêt économique et de la gloire personnelle.

> Le désir général d'être utile aux autres était si connu en lui, que les témoignages favorables qu'il rendait en perdaient une partie du poids qu'ils devaient avoir par eux-mêmes (*Éloge* de du Hamel).
>
> Personne n'a été si souvent que lui, ni avec tant de courage, l'introducteur de la vérité ; il avait pour elle une passion presque imprudente, et incapable de ménagement. Ses mœurs ont tenu bon contre les dignités les plus brillantes, et n'ont pas même combattu. En un mot, c'était un Romain qu'il semblait que notre Siècle eût dérobé aux plus heureux temps de la République (*Éloge* du Maréchal de Vauban).
>
> Il communiquait sans peine ses découvertes et les vues, au hasard de se les voir enlever, et désirait plus qu'elles servissent au progrès de la Science qu'à sa propre gloire (*Éloge* de Cassini).
>
> Ses manières d'agir nettes, franches, loyales en toute occasion, exemptes de tout soupçon d'intérêt indirect et caché, auraient seules suffi pour justifier la Province dont il était, des reproches qu'elle a d'ordinaire à essuyer, il n'en conservait qu'une extrême crainte de se commettre, qu'une grande circonspection à traiter avec les hommes, dont effectivement le commerce est toujours redoutable (*Éloge* de Varignon).

Ce qui caractérise également l'esprit des académiciens décédés est une inclination naturelle, presque native, pour la pratique scientifique[115]. L'argumentation de cette caractéristique de l'esprit des savants n'est pas très fréquente dans les *Éloges*, mais Fontenelle cite parfois ce trait du caractère des scientifiques pour souligner que la nature, qui fait souvent l'objet d'une personnification de la part du secrétaire perpétuel, n'agit pas seulement pour créer le chaos, mais pour donner aussi à certains hommes la capacité de résoudre ce chaos et de rejoindre la vérité. C'est pour cette raison que Bernouilli a « un tempérament bilieux et mélancolique, caractère qui donne plus que tout autre, et

[115] À ce propos, quant aux qualités naturelles de Chirac, Fontenelle affirme : « Il avait ce qu'on appelle le *coup d'œil*, d'une justesse et d'une promptitude singulière, et peut-être unique. C'était une espèce d'inspiration, dont la clarté et la force prouvaient la vérité, du moins pour lui » (*Éloge* de Chirac).

l'ardeur et la constance nécessaires pour les grandes choses », Amontons possède « un don singulier pour les Expériences, des idées fines et heureuses, beaucoup de ressources pour lever les inconvénients, une grande dextérité pour l'exécution », de Tournefort, savant à l'esprit héroïque, capable de parcourir à pied des rochers affreux et presque inaccessibles, est « d'un tempérament vif, laborieux, robuste ; un grand fonds de gaieté naturelle le sout[ient] dans le travail, et son corps, aussi bien que son esprit, [a] été fait pour la Botanique », de Geoffroy a un caractère doux, circonspect, modéré et peut-être un peu timide, son esprit étant « celui que les Sciences donnent ordinairement à ceux qui en font leur unique occupation », qui le rend « fort attentif à écouter la nature », ou encore le père Malebranche, doué d'une « pitié fort éclairée, fort attentive et fort sévère », a des mœurs « que la Nature seule mettait déjà, s'il était possible, en état d'en avoir pas beaucoup besoin ». Présenter la science sous des dehors aimables et faciles, c'est inviter également à découvrir dans la destinée des savants une image du bonheur qui peut satisfaire l'honnête homme. Fontenelle trouve des formules expressives pour décrire cette vocation naturelle, cette convenance naturelle d'esprits avec le monde des idées, et il a souvent recours à l'hyperbole, qui n'excède jamais la mesure : par exemple, Tournefort, « dès qu'il vit des plantes, il se sentit Botaniste » ou, quant au Maréchal de Vauban, « les premières places fortifiées qu'il vit le firent Ingénieur », ou encore, en ce qui concerne la vocation de Fagon, « les premiers objets qui s'offrirent à ses yeux, ce furent des Plantes ; les premiers mots qu'il bégaya, ce furent des noms de Plantes ; la langue de la Botanique fut sa langue maternelle ». De ce point de vue, l'*Éloge* de Homberg, esprit cosmopolite qui voyage à travers l'Italie, l'Angleterre, la Hollande, l'Allemagne et la Suède, représente un exemple parfait de la rhétorique fontenellienne de l'inclination naturelle des savants pour les sciences.

> Quoiqu'il fût d'une complexion faible, il était fort laborieux, et d'un courage qui lui tenait lieu de force. […] Son caractère d'esprit est marqué dans tout ce qu'on a de lui : une attention ingénieuse sur tout, qui lui faisait naître des Observations où les autres ne voient rien ; une adresse extrême pour démêler les

> routes qui mènent aux découvertes ; des tours d'expériences singuliers, et qui seraient trop artificieux, si on avait tort de s'obstiner à connaître ; une finesse sensée, et une solidité délicate ; une exactitude qui, quoique scrupuleuse, savait écarter tout l'inutile ; toujours un génie de nouveauté, pour qui les sujets les plus usés ne l'étaient point (*Éloge* de Homberg).

Utilité des sciences, recherche de la nouveauté et de l'exactitude, observations et découvertes qui permettent de voir la vérité là « où les autres ne voient rien », sont citées par Fontenelle pour créer un lien fort avec sa conception de la science, avec le progrès scientifique qu'il est train de raconter à ses lecteurs dans ses éloges historiques, et pour souligner qu'aucun progrès ne peut exister sans la présence d'un savant ayant des vertus morales bien précises, une disposition naturelle pour cultiver les sciences au sens moderne du terme et la volonté de rejoindre le vrai et les lumières.

Dans les passages textuels consacrés aux vertus morales des savants, Fontenelle aborde également le thème de la religion et c'est le moment pour lui de rendre hommage de manière exagérée à la figure du savant. D'ailleurs, l'épistémologie de Fontenelle se base sur le fait que la science n'est nullement séparée de la métaphysique ; à la limite, la métaphysique est même plus sûre que la physique, mais elle se ramène à un principe fondamental et intangible : le mécanisme voulu par Dieu. Le travail du savant est, en partant d'observations ponctuelles, qu'il accumule comme il peut, et en se gardant notamment de toute précipitation et de toute prévention, de justifier ce mécanisme. C'est à l'intérieur de cette conception de l'épistémologie fontenellienne que se situe le thème de la religion.

Le secrétaire perpétuel cite la charité chrétienne comme étant le dernier élément d'un climax concernant le caractère des savants, le trait qui peut contribuer à leur donner la perfection absolue. Par exemple, dans l'*Éloge* de l'Abbé Gallois, la charité chrétienne donne à son désintéressement naturel « la dernière perfection », dans celui de Dodart le cœur du savant a été « continuellement cultivé par la Religion », dans l'*Éloge* de de Montmort tout ce qui peut le porter à « un haut degré de perfection se réuni[t] en lui, la Philosophie, la Religion, les engagements encore plus étroits de l'état Ecclésiastique », dans le panégyrique de Ruysch, le savant « se regarde comme l'Instrument, dont il a plu à Dieu de se servir, pour manifester au genre humain des vérités utiles », et de la Hire est présenté comme étant « équitable et désintéressé, non seulement en vrai Philosophe, mais en Chrétien », à tel point que « sa raison accoutumée à examiner tant d'objets différents, et à les discuter avec curiosité, s'arrêt[e] tout court à la vue de ceux de la Religion, et une piété solide, exempte d'inégalité et de singularités, a régné sur tout le cours de sa vie ».

Ces climax créés par Fontenelle dans sa rhétorique des vertus morales des savants rejoignent le point le plus élevé quand le secrétaire perpétuel construit des métaphores relatives à certains savants, qui peuvent être le seul moyen pour décrire les qualités de l'esprit de certains académiciens décédés. Fontenelle semble ne pas être en mesure de pouvoir présenter le savant à travers des qualificatifs et sans avoir recours à une autre image qui peut être associée au savant décédé : par exemple, du Hamel est aux yeux de Fontenelle un Saint, le Maréchal de Vauban un Romain des plus heureux temps de la République et le Chevalier de Louville un Stoïcien.

> Il faudrait maintenant le représenter comme homme, et peindre ses mœurs : mais ce serait le Panégyrique d'un Saint, et nous ne sommes pas dignes de toucher à cette partie de son Éloge, qui devrait être fait à la face des Autels, et non dans une Académie (*Éloge* de du Hamel).

> Ses mœurs ont tenu bon contre les dignités les plus brillantes, et n'ont pas même combattu. En un mot, c'était un Romain qu'il semblait que notre Siècle eût dérobé aux plus heureux temps de la République (*Éloge* du Maréchal de Vauban).

> Il avait l'air d'un parfait Stoïcien, renfermé en lui-même, et ne tenant à rien d'extérieur, bon ami cependant, officieux, généreux, mais sans ces aimables dehors. [...] Il était fort taciturne [...] ce Stoïcien, si austère et si dur (*Éloge* du Chevalier de Louville).

Cette rhétorique des vertus morales des savants n'est pas isolée par rapport à la narration biographique des événements scientifiques, mais en constitue une partie essentielle et complémentaire, qui peut indéniablement contribuer à l'intégration sociale des sciences. Pour cette raison, dans ses nécrologies des savants Fontenelle recourt à des images et métaphores déjà utilisées pour valoriser la recherche scientifique telles que celle des lumières ou celle de la voie, des métaphores spatiales comme celle du chemin à parcourir pour rejoindre la vérité et savoir la raconter aux autres, comme le fait le secrétaire perpétuel même dans ses *Éloges*.

> Son caractère était déjà presque entièrement représenté dans ce qui a été dit : d'un côté, un esprit élevé, lumineux, qui pensait en grand, et ajoutait du sien à toutes les lumières acquises, un grand talent pour toutes les opérations d'esprit, et qui n'attendait que son choix pour se déterminer entre elles, d'un autre côté, du courage, de la vigueur d'âme, qui devaient rendre aussi les passions plus difficiles à maîtriser. Il avait cette noble fierté qui rend impraticable les voies de la fortune [...] et est si nuisible, et qui par conséquent n'est guère permise qu'à un homme isolé dont la conduite ne tire à conséquence que pour lui (*Éloge* de Saurin).

Certaines images évoquées par Fontenelle révèlent donc le côté le plus intime de l'auteur et font entrevoir sous le brillant de l'esprit les secrets de sa personnalité. Par exemple, Renau, auxiliaire du Maréchal de Vauban au siège de Mons, employé également par le Ministère de la Marine, est considéré comme une « espèce d'Amphibie guerrier, qui partageait sa vie et ses fonctions entre l'un et l'autre élément ». Or, la même image est reprise dans le dernier éloge rédigé par Fontenelle, qui peut passer pour le testament du secrétaire : du Fay, chimiste et premier intendant du Jardin du Roi, capable de parler la langue de l'Académie et la langue du monde, est « une espèce d'Amphibie, propre à vivre dans l'un et l'autre élément, et à les faire communiquer ensemble ». Cet autoportrait n'est que le testament de Fontenelle à ses lecteurs, c'est ce qui, à travers cet imaginaire créé dans les *Éloges*, permet de découvrir en profondeur les véritables intentions du secrétaire perpétuel Fontenelle, historiographe et historien des sciences à la tête de l'Académie royale des sciences de Paris.

Conclusion

Membre de trois Académies royales et scientifique très engagé dans la valorisation des sciences tout au long de sa vie, Fontenelle représente une figure charnière entre les XVIIe et XVIIIe siècles qui par ses ouvrages participe aux débats scientifiques de son époque, en ouvrant la voie à ce qui constituera l'essence de la pensée des Lumières.

Son activité institutionnelle occupant une large partie de sa vie, Fontenelle se consacre avec toutes ses forces aux tâches qui lui sont attribuées en tant que secrétaire perpétuel par le règlement de l'Académie royale des sciences, y compris la rédaction des numéros annuels des *Histoire et Mémoires de l'Académie des sciences*. La parution de ce projet éditorial représente une nouveauté sous plusieurs points de vue : pour la première fois, à un savant est confiée la fonction officielle de raconter l'histoire d'une institution royale, où les scientifiques constituent des professionnels qui construisent les savoirs des sciences dans un espace de travail et de discussion collaboratif. S'étant officialisée la pratique scientifique, raconter l'histoire du développement des sciences modernes rentre désormais à part entière parmi les activités des savants.

Les *Éloges* des académiciens décédés, dans un premier moment inclus dans les volumes des *Histoire et Mémoires*, mais faisant rapidement l'objet d'une édition séparée à partir de 1708, représentent le summum de l'activité de construction de l'histoire des connaissances scientifiques réalisée par Fontenelle au sein de l'Académie royale des sciences entre 1699 et 1739. Loin d'être des simples panégyriques célébrant en séance publique les vertus morales des académiciens disparus, les *Éloges* construisent un discours sur la science stratifié en plusieurs couches, ayant des finalités très importantes sur le plan pragmatique (entre autres, celles de désigner des modèles de vertu scientifique et célébrer un corps savant d'élite qui représente l'Académie royale des sciences et ses membres à l'extérieur). La vie exemplaire des savants dont on fait la commémoration devient donc une occasion pour réaliser une narration fort complexe sur les sciences et sur leurs histoires afin de représenter la science officielle incarnée par des savants dignes d'éloge. Catégorisés d'éloges historiques en raison de leur souci de suivre le vrai et l'exactitude, les *Éloges* de Fontenelle rénovent, par conséquent, le genre auquel ils appartiennent : l'auteur y apporte plusieurs changements par rapport aux modèles traditionnels du passé et les prive des ornements rhétoriques qui s'avèrent peu adéquats pour raconter la valeur des pratiques scientifiques modernes, la rupture des Modernes par rapport aux Anciens et les nécessités de construire une conscience historique sur les sciences.

Hyperboles, comparaisons et métaphores, climax et maximes sont autant de stratégies linguistiques et discursives adoptées par Fontenelle pour réaliser son discours sur une science aimable et sur des savants qui méritent toute la gloire qu'ils ont reçu de leur vivant pour avoir su accepter leur vocation native pour les sciences. Fontenelle crée un genre d'exercice, auquel il confère une certaine forme de perfection, qui sert de moulage pour les éloges qui seront rédigés par ses successeurs à la charge du Secrétariat perpétuel de l'Académie royale des sciences ou par les secrétaires d'autres institutions académiques. D'authentiques chefs-d'œuvre du genre renouvelé de l'oraison funèbre laïque, les *Éloges* de Fontenelle constituent une histoire de la pensée scientifique européenne, où les codes de la rhétorique du passé sont adaptés pour la première fois à une narration de nature scientifique.

En tant qu'acte académique producteur d'autorité discursive, les *Éloges* veulent construire de manière officielle la communication de l'Académie avec la bonne société et attirer l'attention de celle-ci sur l'importance et la valeur des sciences hors du cercle restreint des spécialistes. L'abolition du latin et la construction d'une narration sans ornements oratoires, où l'art de l'éloquence est peu employé, contribuent à la réalisation du projet intellectuel de Fontenelle, à savoir créer un véritable plaidoyer en faveur des sciences et de leurs adeptes.

Bien que la volonté de vulgariser les pratiques et les connaissances scientifiques soit le fil rouge de plusieurs travaux de Fontenelle, les *Éloges* s'avèrent un cas d'étude intéressant sur la construction du discours sur la science en raison de leur structure novatrice par rapport aux modèles du passé, ainsi qu'en raison des stratégies discursives et argumentatives adoptées par Fontenelle pour construire l'histoire des sciences et une conscience historique auprès d'un large public de lecteurs.

Bibliographie

Andries (Lise) (éd.), *Le partage des savoirs, XVIIIe-XIXe siècles*, Lyon, Presses Universitaires de Lyon, 2003.

Armand (Guilhem), « De Fontenelle à Voltaire : de la notion de progrès à celle de génération », URL : <https://hal.univ-reunion.fr/hal-01217709/file/Armand-TD42.pdf>.

Armand (Guilhem), « La construction de l'image du savant chez Fontenelle », in *Revue Fontenelle*, n° 4, 2006, pp. 79-93.

Ascher (Edgar), « Continuités et discontinuités de la science », in *Revue européenne des sciences sociales*, n° 102, 1995, pp. 67-82.

Audidière (Sophie), « La lettre galante et l'esprit géométrique : expression métaphysique et métaphysique des langues, ou la philosophie du discours de Fontenelle », in *Archives de philosophie*, 2015/3, pp. 399-416.

Audidière (Sophie), Rioux-Beaulne (Mitia), « 'Savoir pourquoi' : métaphysique du jugement et histoire de l'esprit modernes chez Fontenelle », in Poulouin (Claudine), Bahier-Porte (Christelle) (éds.), *Écrire et penser en Moderne*, Paris, Champion, 2015, pp. 229-248.

Bah-Ostrowiecki (Hélène), « Mise en texte, mise en ordre et mise en corps chez Pascal », in Matsuzawa (Kazuhiro), Séginger (Gisèle) (éds.), *La mise en texte des savoirs*, Strasbourg, Presses Universitaires de Strasbourg, 2010, pp. 153-163.

Bah-Ostrowiecki (Hélène), « L'expérience et son récit. Remarques sur la présentation de l'expérience chez Pascal », in Rey (Anne-Lise) (éd.), *Méthode et histoire. Quelle histoire font les historiens des sciences et des techniques ?*, Paris, Classiques Garnier, 2013, pp. 39-95.

Banks (David), *The Development of Scientific Writing, Linguistic Features and Historical Context*, London, Equinox, 2008.

Banks (David), « Starting science in the vernacular. Notes on some early issues of the *Philosophical Transactions* and the *Journal des Sçavans*, 1665-1700 », in *ASp*, n° 55, 2009, pp. 5-22.

Banks (David), « The beginnings of vernacular scientific discourse: genres and linguistic features in some early issues of the *Journal des Sçavans* and the *Philosophical Transactions* », in *E-rea*, n° 8/1, 2010, URL : <http://erea-revues.org/1334>.

Battistini (Andrea), Raimoni (Ezio), *Le figure della retorica. Una storia letteraria italiana*, Torino, Einaudi, 1990.

Béacco (Jean-Claude), Moirand (Sophie), « Autour des discours de transmission des connaissances », in *Langages*, n° 117, mars 1995, pp. 32-53.

Bensaude-Vincent (Bernadette), *L'opinion publique et la science. À chacun son ignorance*, Paris, La Découverte, 2013.

Berthelot (Jean-Michel) (éd.), *Figures du texte scientifique*, Paris, PUF, 2003.

Bertrand (Gilles), Guyot (Alain), *Des « passeurs » entre science, histoire et littérature*, Grenoble, ELLUG, 2011.

Beugnot (Bernard), *De l'histoire des savants à l'histoire des sciences*, in Niderst (Alain) (éd.), *Fontenelle*, Actes du Colloque tenu à Rouen du 6 au 10 octobre 1987, Paris, PUF, 1989, pp. 487-496.

Blay (Michel), *La naissance de la science classique au XVIIe siècle*, Paris, Nathan, 1999.

Blay (Michel), Halleux (Robert), *La science classique XVIe-XVIIIe siècle. Dictionnaire critique*, Paris, Flammarion, 1998.

Blay (Michel), Nikolaïdis (Efthymios) (éds.), *L'Europe des sciences : constitution d'un espace scientifique*, Paris, Seuil, 2001.

Bléchet (Françoise), « Fontenelle et l'abbé Bignon », in *Corpus. Revue de philosophie*, n° 13, 1990, pp. 51-62.

Bonnet (Jean-Claude), « Les morts illustres. Oraison funèbre, éloge académique, nécrologie », in Nora (Pierre) (éd.), *Les lieux de mémoire. Part 2 : La Nation*, Paris, Gallimard, 1997, vol. 3, pp. 217-241.

Bonnet (Jean-Claude), *Naissance du Panthéon. Essai sur le culte des grands hommes*, Paris, Fayard, 1998.

Brunot (Ferdinand), *La Pensée et la Langue*, Paris, Masson, 1922.

Canguilhem (Georges), « Fontenelle, philosophe et historien des sciences », in *Annales de l'Université de Paris*, n° 27, 1957, pp. 351-390.

Caro (Paul), *La vulgarisation scientifique est-elle possible ?*, Nancy, Presses Universitaires de Nancy, 1990.

Carré (Jean-Raoul), *La Philosophie de Fontenelle ou le Sourire de la Raison*, Paris, Alcan, 1932.

Carrère d'Encausse (Hélène), *Le siècle du « roi Fontenelle ». Séance publique annuelle*, URL : <http://www.academie-francaise.fr/le-siecle-du-roi-fontenelle-seance-publique-annuelle>.

Carugo (Adriano), Crombie (Alistair C.), « Galilée et l'art de la rhétorique », in *XVIIe siècle*, n° 163, avril-juin 1989, pp. 145-166.

Charbonneau (Frédéric) (éd.), *L'art d'écrire la science : anthologie de textes savants du XVIIIe siècle français*, Rennes, Presses Universitaires de Rennes, 2006.

Chassagne (Annie), *La bibliothèque de l'Académie royale des sciences au XVIIIe siècle*, Paris, Comité des travaux historiques et scientifiques, 2007.

Chassot (Fabrice), « Imiter les *Entretiens sur la pluralité des mondes* : la marquise entre cartésiens et newtoniens », in *Dix-huitième siècle*, n° 40, 2008, pp. 585-603.

Chassot (Fabrice), *Le Dialogue scientifique au XVIIIe siècle*, Paris, Classiques Garnier, 2011.

Chassot (Fabrice), « Littérature et socialisation des sciences dans le dialogue scientifique », in *Littératures classiques*, n° 85, 2014, pp. 189-203.

Chemla (Karine), « Histoire des sciences et matérialité des textes », in *Enquête*, n° 1, 1995, URL : <http://enquete.revues.org/273>.

Costabel (Pierre), « Fontenelle et l'Académie des sciences à la fin du XVIIe siècle », in Niderst (Alain) (éd.), *Fontenelle*, Actes du Colloque tenu à Rouen du 6 au 10 octobre 1987, Paris, PUF, 1989, pp. 435-440.

Crosland (Maurice), *Le langage de la science : du vernaculaire au technique*, Méolans-Revel, DésIris, 2009.

Daston (Lorraine), Sibum (Otto), « Introduction: Scientific Personae and Their Histories », in *Science in Context*, n° 16, 2003, pp. 1-8.

Daumas (Maurice), « La vie scientifique au XVIIe siècle », in *XVIIe siècle*, n° 30, janvier 1956, pp. 110-133.

Defays (Jean-Marc), *Principes et pratiques de la communication scientifique et technique*, Bruxelles, De Boeck, 2003.

Delorme (Suzanne), « La vie scientifique à l'époque de Fontenelle d'après les *Éloges* des savants », in *Archeion*, n° 19, 1937, pp. 217-235.

Delorme (Suzanne), « Des *Éloges* de Fontenelle et de la psychologie des Savants », in Dupouy (Gaston) *et al.* (éds.), *Mélanges Georges Jamati*, Paris, Éditions du Centre National de la Recherche Scientifique, 1956, pp. 95-100.

Delorme (Suzanne), « Contribution à la bibliographie de Fontenelle », in *Revue d'histoire des sciences*, n° 10-4, 1957, pp. 300-309.

Delorme (Suzanne) *et al.* (éds.), *Fontenelle : sa vie et son œuvre (1657-1757)*, Paris, Centre International de Synthèse, 1961.

Depping (Georges-Bernard), *Fontenelle. Œuvres complètes*, réimpression Genève, Slatkine, 1968 (1818).

Dibon (Paul), « Les échanges épistolaires dans l'Europe savante du XVIIe siècle », in *Revue de synthèse*, n° 81-82, 1976, pp. 31-50.

Ehrard (Jean), Roger (Jacques), « Deux périodiques français du 18e siècle : le *Journal des Savants* et les *Mémoires de Trévoux*. Essai d'une étude quantitative », in Bollème (Geneviève), Ehrard (Jean), Furet (François), Roche (Daniel), Roger (Jacques) (éds.), *Livre et société dans la France du XVIIIe siècle*, Paris-La Haye, Mouton, 1965, pp. 33-59.

Gaillard (Aurélia), « Pour une politique du fabuleux : enjeu politique du 'système' de la fable et de la poétique du spectateur chez Fontenelle », in *Revue Fontenelle*, n° 6-7, 2010, pp. 363-374.

Gaillard (Aurélia), « Écrire la science à l'époque des Lumières : comment le récit de fiction peut-il faire preuve ? », in Ducos (Joëlle) (éd.), *Les Sciences et le Livre. Formes des écrits scientifiques des débuts de l'imprimé à l'époque moderne*, Paris, Hermann, 2017, pp. 221-235.

Galuzzi (Massimo), Micheli (Gianni), Monti (Maria Teresa) (éds.), *Le forme della comunicazione scientifica*, Milano, FrancoAngeli, 1998.

Garçon (Anne-Françoise), *L'Imaginaire et la pensée technique. Une approche historique, XVIe-XXe siècle*, Paris, Classiques Garnier, 2012.

Gille (Bertrand) (éd.), *Histoire des techniques. Technique et civilisations. Technique et sciences*, Paris, Gallimard, 1978.

Greco (Pietro), *L'idea pericolosa di Galileo. Storia della comunicazione della scienza nel Seicento*, Torino, UTET Università, 2009.

Greco (Pietro), *La scienza e l'Europa. Dal Seicento all'Ottocento*, Roma, L'Asino d'Oro, 2016.

Grimaldi (Claudio), « Traduction et transmission des savoirs dans les ressources de vulgarisation scientifique », in *Testi e Linguaggi*, n° 8, 2014, pp. 149-160.

Grimaldi (Claudio), « Vulgariser la science pour réaffirmer son rôle de savant. L'*Essai philosophique sur les probabilités* de Laplace », in *Mémoires du livre/Studies in Book Culture*, n° 6/1, automne 2014, URL : <https://www.erudit.org/revue/memoires>.

Grimaldi (Claudio), « Champs disciplinaires, genres textuels, vulgarisation des idées savantes : la presse périodique scientifique en France au début du XVIIIe siècle », in Saggiomo (Carmen) *et al.* (éds.), *Itinerari di culture 3*, Napoli, Loffredo, 2016, pp. 121-130.

Grimaldi (Claudio), « La science autrement : définir et reformuler l'activité savante dans les *Comptes rendus hebdomadaires de l'Académie des sciences* », in Frassi (Paolo), Tallarico (Giovanni) (éds.), *Autrement dit : définir, reformuler, gloser*, Paris, Hermann, 2017, pp. 241-256.

Grimaldi (Claudio), *Discours et terminologie dans la presse scientifique française (1699-1740). La construction des lexiques de la botanique et de la chimie*, Oxford, Peter Lang, 2017.

Grimaldi (Claudio), « Évolution terminologique dans le discours scientifique de la science au début du XVIIIe siècle », in Altmanova (Jana), Centrella (Maria), Russo (Katherine)

(éds.), *Terminology & Discourse/Terminologie et discours*, Berne, Peter Lang, 2018, pp. 235-254.
Grimaldi (Claudio), « Les classifications botaniques et la fabrication d'un vocabulaire logique », à paraître.
Gross (Alan), Harmon (Joseph), Reidy (Michael) (éds.), *Communicating Science. The Scientific Article from the 17th Century to Present*, Oxford, Oxford University Press, 2002.
Gusdorf (Georges), *De l'histoire des sciences à l'histoire de la pensée*, Paris, Payot, 1977.
Halliday (Michael A. K.), Martin (J. R.), *Writing Science: Literacy and Discoursive Power*, London-Washington, The Falmer Press, 1993.
Halliday (Michael A. K.), *The Language of Science*, éd. Jonathan J. Webster, London-New York, Continuum, 2004.
Hallyn (Fernand), *La structure poétique du monde : Copernic, Kepler*, Paris, Seuil, 1987.
Hallyn (Fernand), « Dialectique et rhétorique devant la 'nouvelle science' du XVIIe siècle », in Fumaroli (Marc) (éd.), *Histoire de la rhétorique dans l'Europe moderne : 1450-1950*, Paris, PUF, 1999, pp. 601-627.
Hallyn (Fernand), *Les structures rhétoriques de la science. De Kepler à Maxwell*, Paris, Seuil, 2004.
Hallyn (Fernand), « Les lieux de la rhétorique dans les sciences », in Rey (Anne-Lise) (éd.), *Méthode et histoire. Quelle histoire font les historiens des sciences et des techniques ?*, Paris, Classiques Garnier, 2013, pp. 27-37.
Haßler (Gerda), « Entre Renaissance et Lumières : les genres textuels de la création et de la transmission du savoir », in Forner (Werner), Thörle (Britta) (éds.), *Manuel des langues de spécialité*, Berlin, De Gruyter Mouton, 2016, pp. 446-471.
Hatin (Eugène), *Histoire politique et littéraire de la presse en France : avec une introduction historique sur les origines du journal et la bibliographie générale des journaux depuis leur origine*, Paris, Poulet-Malassis et De Broise, 1859.
Holmes (Frederic L.), « Argument and Narrative in Scientific Writing », in Dear (Peter) (éd.), *The Literary Structure of Scientific Argument: Historical Studies*, Philadelphia, University of Pennsylvania Press, 1991, pp. 164-181.

Jacobi (Daniel), *La communication scientifique : discours, figures, modèles*, Grenoble, Presses Universitaires de Grenoble, 1999.

Jeanneret (Yves), *Écrire la science*, Paris, PUF, 1994.

Jurdant (Baudouin), *Les problèmes théoriques de la vulgarisation scientifique*, Paris, Archives contemporaines, 2009.

Kaeser (Marc-Antoine), « La science vécue. Les potentialités de la biographie en histoire des sciences », in *Revue d'Histoire des Sciences Humaines*, n° 8, 2003/1, pp. 139-160.

Kapp (Volker), « Les qualités du scientifique et le prestige social des sciences dans les éloges académiques de Fontenelle », in Niderst (Alain) (éd.), *Fontenelle*, Actes du Colloque tenu à Rouen du 6 au 10 octobre 1987, Paris, PUF, 1989, pp. 441-450.

Laming (Annette), « Les origines de la vulgarisation scientifique », in *Impact : science et société*, n° 4, 1952, vol. III, pp. 241-264.

Léoni (Sylviane), « Une redécouverte restreinte : la rhétorique française du 18e siècle », in *Dix-huitième siècle*, n° 30, 1998, pp. 179-193.

Licoppe (Christian), *La formation de la pratique scientifique. Le discours de l'expérience en France et en Angleterre (1630-1820)*, Paris, La Découverte, 1996.

Lynn (Michael R.), *Popular Science and Public Opinion in Eighteenth-Century France*, Manchester, Manchester University Press, 2013.

Mandrou (Robert), *Des humanistes aux hommes de science. XVIe et XVIIe siècles*, Paris, Seuil, 1973.

Marchetti (Marilia), *Retorica e linguaggio nel secolo dei lumi. Equilibrio logico e crisi dei valori*, Roma, Edizioni di Storia e Letteratura, 2002.

Mazauric (Simone), *Savoirs et philosophie à Paris dans la première moitié du XVIIe siècle : les Conférences du Bureau d'adresse de Théophraste Renaudot (1633-1642)*, Paris, Publications de la Sorbonne, 1997.

Mazauric (Simone), *Fontenelle et l'invention de l'histoire des sciences à l'aube des Lumières*, Paris, Fayard, 2007.

Mazauric (Simone), *Histoire des sciences à l'époque moderne*, Paris, Armand Colin, 2009.

Mortureux (Marie-Françoise), « L'analyse du discours de la vulgarisation scientifique et le dictionnaire de la langue scientifique », in Candel (Danielle) (éd.), *Français scientifique et technique et dictionnaire de langue*, Paris, Didier érudition, 1994, pp. 63-75.

Mortureux (Marie-Françoise), *Le lexique entre langue et discours*, Paris, Sédès, 1997.

Nellen (Henricus Johannes Maria), « La correspondance savante au XVIIe siècle », in *XVIIe siècle*, n° 178, janvier-mars 1993, pp. 87-98.

Niderst (Alain), *Fontenelle à la recherche de lui-même (1657-1702)*, Paris, Nizet, 1972.

Niderst (Alain) (éd.), *Fontenelle. Œuvres complètes*, Paris, Fayard, t. III, 1989.

Niderst (Alain), « La diffusion des sciences au XVIIIe siècle », in *Revue d'histoire des sciences*, n° 3-4, 1991, pp. 279-280.

Niderst (Alain), « Le monde de Fontenelle », in *Études littéraires*, vol. 34, 2002, pp. 241-248.

Noiray (Jacques), « Figures du savant », in *Romantisme*, n° 100, 1998, pp. 143-158.

Pailliart (Isabelle) (éd.), *La publicisation de la science. Exposer, communiquer, débattre, publier, vulgariser*, Grenoble, Presses Universitaires de Grenoble, 2005.

Passeron (Irène), « La République des Sciences, réseaux des correspondances, des Académies et des livres scientifiques », in *Dix-huitième siècle*, n° 40, 2008, pp. 5-27.

Paty (Michel), « Du style en sciences et en histoire des sciences », in Rey (Anne-Lise) (éd.), *Méthode et histoire. Quelle histoire font les historiens des sciences et des techniques ?*, Paris, Classiques Garnier, 2013, pp. 57-87.

Paul (Charles B.), *Science and Immortality. The* Éloges *of the Paris Academy of Sciences* (1699-1741), Berkeley, University of California Press, 1980.

Peiffer (Jeanne), Conforti (Maria), Delpiano (Patrizia) (éds.), *L'Europe des journaux savants (XVIIe-XVIIIe siècles). Communication et construction des savoirs*, in *Archives internationales d'histoire des sciences*, vol. 63, n° 170-171, juin 2013.

Peiffer (Jeanne), Vittu (Jean-Pierre), « Les journaux savants, formes de la communication et agents de la construction des savoirs (17e-18e siècles) », in *Dix-huitième siècle*, n° 40, 2008, pp. 281-300.

Pépin (François), « Fontenelle, premier représentant d'une tradition française d'épistémologie historique », in *Dix-huitième siècle*, n° 44, 2012/1, pp. 381-398.

Pépin (François), « Fontenelle, l'Académie Royale des Sciences et le devenir scientifique de la chimie », in *Methodos*, n° 12, 2012, URL : <http://journals.openedition.org/methodos/2898>.

Pépin (François), « Être cartésien en historien des sciences : Fontenelle », in Kolesnik (Delphine) (éd.), *Qu'est-ce qu'être cartésien ?*, Lyon, ENS Editions, 2013, pp. 465-484.

Raichvarg (Daniel), Jacques (Jean), *Savants et ignorants. Une histoire de la vulgarisation des sciences*, Paris, Seuil, 2003.

Rey (Alain) (éd.), *Dictionnaire culturel en langue française*, Paris, Le Robert, 2005.

Rey (Anne-Lise), « La littérarisation de la science newtonienne au XVIIIe siècle : une littérature pour les dames ? », in *Littératures classiques*, n° 85, 2014, pp. 303-326.

Reymond (Arnold), « L'évolution de la pensée scientifique et l'histoire des sciences », in *Revue d'histoire des sciences et de leurs applications*, n° 2, 1947. pp. 97-113.

Rollet (Laurent), Nabonnand (Philippe), « Définir, classer, compter : biographie et prosopographie en histoire des sciences », in Nabonnand (Philippe), *Les Uns et les Autres – Biographies et prosopographies en histoire des sciences*, Nancy, Presses Universitaires de Nancy-Éditions de l'université de Lorraine, 2012, URL : <https://hal.archives-ouvertes.fr/hal-01086619/document>.

Saint-Martin (Arnaud), « Autorité et grandeur savantes à travers les éloges funèbres de l'Académie des sciences à la Belle Époque », in *Genèses*, n° 87, 2012/2, pp. 47-68.

Schröder (Volker), « Entre l'oraison funèbre et l'éloge historique : l'hommage aux morts à l'Académie française », in *MLN*, vol. 116, n° 4, 2001, pp. 666-688.

Seguin (Maria-Susana), « La figure du savant dans les *Éloges des Académiciens* de Fontenelle », in Dufiez-Sanchez (Véronique) (éd.), *Les écrivains face au savoir*, Dijon, Éditions Universitaires de Dijon, 2002, pp. 29-39.

Seguin (Maria-Susana), « La référence aux Anciens dans les *Éloges* des académiciens de Fontenelle : le contre-exemple des Modernes », in Guion (Béatrice), Menant (Sylvain), Seguin (Maria-Susana), Sellier (Philippe) (éds.), *Poétique de la pensée. Mélanges en l'honneur de Jean Dagen*, Paris, Honoré Champion, 2006, pp. 851-861.

Seguin (Maria-Susana), « Rhétorique scientifique et épistémologique dans les *Mémoires de l'Académie des sciences* », in *Revue Fontenelle*, n° 4, 2006, pp. 147-160.

Seguin (Maria-Susana), « Fontenelle et la transmission des savoirs », in Moreau (Isabelle) (éd.), *Les Lumières en mouvement. La circulation des idées au XVIIIe siècle*, Lyon, ENS Éditions, 2009, URL : <http://books.openedition.org/enseditions/6306>.

Seguin (Maria-Susana), « Du classement des savoirs à la construction discursive de la science », in Triaire (Sylvie), Victorin (Patricia) (éds.), *Deviser, diviser. Pratiques du découpage et poétiques du chapitre de l'Antiquité à nos jours*, Montpellier, Presses Universitaires de la Méditerranée, 2011, pp. 179-196.

Seguin (Maria-Susana), « Fontenelle et l'Histoire de l'Académie royale des sciences », in *Dix-huitième siècle*, n° 44, 2012/1, pp. 365-379.

Seguin (Maria-Susana), « Merveilles et prodiges dans l'histoire de l'Académie des sciences de Fontenelle (1699-1740) », in Ducos (Joëlle) (éd.), *Les Sciences et le livre. Formes des écrits scientifiques des débuts de l'imprimé à l'époque moderne*, Paris, Éditions Hermann, 2017, pp. 273-285.

Seguin (Maria-Susana), « Fontenelle et la réhabilitation de la *libido sciendi* dans les écrits académiques », URL : <https://hal.archives-ouvertes.fr/hal-01996781/document>.

Selosse (Philippe), Minelli (Alessandro), Bensaude-Vincent (Bernadette), « Entre Renaissance et Lumières : les nomenclatures des sciences nouvelles », in Forner (Werner),

Thörle (Britta) (éds.), *Manuel des langues de spécialité*, Berlin, De Gruyter Mouton, 2016, pp. 413-445.

Simon (Gérard), *Sciences et savoirs aux XVIe et XVIIe siècles*, Villeneuve d'Ascq, Presses Universitaires du Septentrion, 1996.

Suhamy (Henry), *Les figures de style*, Paris, PUF, 1981.

Thomas (Antoine-Léonard), *Choix d'Éloges couronnés par l'Académie française*, Paris, Chaumerot, t. I, 1812.

Vickers (Brian), Struever (Nancy S.), *Rhetoric and the Pursuit of Truth. Language Change in the Seventeenth and Eighteenth Centuries*, Los Angeles, UCLA, 1985.

Vittu (Jean-Pierre), « Diffusion et réception du *Journal des savants* de 1665 à 1714 », in Bots (Hans) (éd.), *La Diffusion et la lecture des journaux de langue française sous l'Ancien Régime*, Amsterdam, APA-Holland University Press, 1988, pp. 167-175.

Vittu (Jean-Pierre), « Journal des savants (1665–1792, puis 1797 et depuis 1816) », in Sgard (Jean) (éd.), *Dictionnaire des journaux, 1600-1789*, Paris, Universitas, 1991, vol. II, pp. 645-654.

Vittu (Jean-Pierre), « Du catalogue au dictionnaire, l'évolution des tables des périodiques littéraires à l'époque de l'*Encyclopédie* », in *XVIIe siècle*, n° 25, 1993, pp. 423-431.

Vittu (Jean-Pierre), « Qu'est-ce qu'un article au *Journal des savants* de 1665 à 1714 ? », in *Revue française d'histoire du livre*, n° 112-113, 2001, pp. 129-148.

Vittu (Jean-Pierre), « La formation d'une institution scientifique : le *Journal des savants* de 1665 à 1714 [premier article : d'une entreprise privée à une semi-institution », in *Journal des savants*, 2002/1, pp. 179-203.

Vittu (Jean-Pierre), « La formation d'une institution scientifique : le *Journal des savants* de 1665 à 1714 [second article : l'instrument central de la République des Lettres] », in *Journal des savants*, 2002/2, pp. 349-377.

Vittu (Jean-Pierre), « De la *Res publica literaria* à la République des Lettres, les correspondances scientifiques autour du *Journal des savants* », in Beaurepaire (Pierre-Yves) (éd.), *La Plume et la Toile*, Arras, Presses Universitaires d'Artois, 2002, pp. 225-254.

Vittu (Jean-Pierre), « Du *Journal des savants* aux *Mémoires pour l'histoire des sciences et des beaux-arts* : l'esquisse d'un système européen des périodiques savants », in *XVII*^{e} *siècle*, n° 228, 2005, pp. 527-545.

Zanola (Maria Teresa), *Arts et métiers au XVIII*^{e} *siècle. Études de terminologie diachronique*, Paris, L'Harmattan, 2014.

Zoberman (Pierre), *Les Cérémonies de la parole : l'éloquence d'apparat en France dans le dernier quart du XVII*^{e} *siècle*, Paris, Champion, 1998.

Dictionnaires encyclopédiques et encyclopédies

Dictionnaire de l'Académie française, toute édition disponible au format numérique, URL : <http://artfl.atilf.fr/dictionnaires/ACADEMIE/index.htm>.

Dictionnaire universel français et latin, vulgairement appelé *Trévoux* (édition de 1771), URL : <http://www.cnrtl.fr/dictionnaires/anciens/trevoux/>.

Diderot (Denis), d'Alembert (Jean-Baptiste), *Encyclopédie ou dictionnaire raisonné des sciences, des arts et des métiers* (1751-1772), édition numérique collaborative et critique, URL : <http://enccre.academie-sciences.fr/encyclopedie/>.

Furetière (Antoine), *Dictionnaire universel, contenant généralement tous les mots françois, tant vieux que modernes, et les termes de toutes les sciences et des arts*, éditions de 1690 et 1727, URL : <http://www.furetière.eu/>.

Annexe

Liste par ordre chronologique des *Éloges* prononcés par Fontenelle en séance publique à l'Académie royale des sciences de Paris et publiés dans l'*Histoire de l'Académie royale des sciences.*

Éloge de Claude Bourdelin – *Histoire de l'Académie royale des sciences*, année 1699
Éloge de Daniel Tauvry – *Histoire de l'Académie royale des sciences*, année 1700
Éloge d'Adrien Tuillier – *Histoire de l'Académie royale des sciences*, année 1702
Éloge de Vincenzio Viviani – *Histoire de l'Académie royale des sciences*, année 1703
Éloge de Guillaume François de l'Hôpital – *Histoire de l'Académie royale des sciences*, année 1704
Éloge de Jacques Bernoulli – *Histoire de l'Académie royale des sciences*, année 1705
Éloge de Guillaume Amontons – *Histoire de l'Académie royale des sciences*, année 1705
Éloge de Jean-Baptiste du Hamel – *Histoire de l'Académie royale des sciences*, année 1706
Éloge de Pierre Silvain Regis – *Histoire de l'Académie royale des sciences*, année 1707
Éloge de M. Le Maréchal de Vauban – *Histoire de l'Académie royale des sciences*, année 1707
Éloge de M. L'Abbé Jean Gallois – *Histoire de l'Académie royale des sciences*, année 1707

Éloge de Denis Dodart – *Histoire de l'Académie royale des sciences*, année 1707

Éloge de Joseph Pitton de Tournefort – *Histoire de l'Académie royale des sciences*, année 1708

Éloge d'Ernfroy Walter de Tschirnhaus – *Histoire de l'Académie royale des sciences*, année 1709

Éloge de François Poupart – *Histoire de l'Académie royale des sciences*, année 1709

Éloge de Mathieu de Chazelles – *Histoire de l'Académie royale des sciences*, année 1710

Éloge de Domenico Guglielmini – *Histoire de l'Académie royale des sciences*, année 1710

Éloge de Louis Carré – *Histoire de l'Académie royale des sciences*, année 1711

Éloge de Claude Bourdelin – *Histoire de l'Académie royale des sciences*, année 1711

Éloge de Claude Berger – *Histoire de l'Académie royale des sciences*, année 1712

Éloge de Jean-Dominique Cassini – *Histoire de l'Académie royale des sciences*, année 1712

Éloge de Pierre Blondin – *Histoire de l'Académie royale des sciences*, année 1713

Éloge de Martino Poli – *Histoire de l'Académie royale des sciences*, année 1714

Éloge de Louis Morin – *Histoire de l'Académie royale des sciences*, année 1715

Éloge de Nicolas Lémery – *Histoire de l'Académie royale des sciences*, année 1715

Éloge de Guillaume Homberg – *Histoire de l'Académie royale des sciences*, année 1715

Éloge de Nicolas Malebranche – *Histoire de l'Académie royale des sciences*, année 1715

Éloge de Joseph Sauveur – *Histoire de l'Académie royale des sciences*, année 1716

Éloge d'Antoine Parent – *Histoire de l'Académie royale des sciences*, année 1716

Éloge de Godefroy Guillaume Leibnitz – *Histoire de l'Académie royale des sciences*, année 1716
Éloge de Jacques Ozanam – *Histoire de l'Académie royale des sciences*, année 1717
Éloge de Philippe de La Hire – *Histoire de l'Académie royale des sciences*, année 1718
Éloge de Jean-Élie Lériguet de la Faye – *Histoire de l'Académie royale des sciences*, année 1718
Éloge de Guy Crescent Fagon – *Histoire de l'Académie royale des sciences*, année 1718
Éloge de Camille le Tellier, Abbé de Louvois – *Histoire de l'Académie royale des sciences*, année 1718
Éloge de Pierre Remond de Montmort – *Histoire de l'Académie royale des sciences*, année 1719
Éloge de Michel Rolle – *Histoire de l'Académie royale des sciences*, année 1719
Éloge de Bernard Renau d'Elisagaray – *Histoire de l'Académie royale des sciences*, année 1719
Éloge de Philippe de Courcillon, Marquis de Dangeau – *Histoire de l'Académie royale des sciences*, année 1720
Éloge de Gilles Filleau des Billettes – *Histoire de l'Académie royale des sciences*, année 1720
Éloge de Marc René de Voyer de Paulmy d'Argenson – *Histoire de l'Académie royale des sciences*, année 1721
Éloge de Claude-Antoine Couplet – *Histoire de l'Académie royale des sciences*, année 1722
Éloge de Jean Mery – *Histoire de l'Académie royale des sciences*, année 1722
Éloge de Pierre Varignon – *Histoire de l'Académie royale des sciences*, année 1722
Éloge du Tsar Pierre I de Russie – *Histoire de l'Académie royale des sciences*, année 1725
Éloge d'Alexis Littre – *Histoire de l'Académie royale des sciences*, année 1725
Éloge de Nicolas Hartsoëker – *Histoire de l'Académie royale des sciences*, année 1725
Éloge de Guillaume Delisle – *Histoire de l'Académie royale des sciences*, année 1726

Éloge de Nicolas de Malézieu – *Histoire de l'Académie royale des sciences*, année 1727

Éloge d'Isaac Newton – *Histoire de l'Académie royale des sciences*, année 1727

Éloge de Charles Reyneau – *Histoire de l'Académie royale des sciences*, année 1728

Éloge de Camille d'Hostun Le Maréchal de Tallard – *Histoire de l'Académie royale des sciences*, année 1728

Éloge de Jean Sébastien Truchet – *Histoire de l'Académie royale des sciences*, année 1729

Éloge de François Bianchini – *Histoire de l'Académie royale des sciences*, année 1729

Éloge de Jacques Philippe Maraldi – *Histoire de l'Académie royale des sciences*, année 1729

Éloge de Jean-Baptiste Henry du Trousset de Valincourt – *Histoire de l'Académie royale des sciences*, année 1730

Éloge de Guichard-Joseph du Verney – *Histoire de l'Académie royale des sciences*, année 1730

Éloge de Louis-Ferdinand Marsigli – *Histoire de l'Académie royale des sciences*, année 1730

Éloge d'Étienne-François Geoffroy – *Histoire de l'Académie royale des sciences*, année 1731

Éloge de Frédéric Ruysch – *Histoire de l'Académie royale des sciences*, année 1731

Éloge de Jean René de Longueil de Maisons – *Histoire de l'Académie royale des sciences*, année 1731

Éloge de Pierre Chirac – *Histoire de l'Académie royale des sciences*, année 1732

Éloge de Jacques Eugène d'Allonville Chevalier de Louville – *Histoire de l'Académie royale des sciences*, année 1732

Éloge de Thomas Fantet de Lagny – *Histoire de l'Académie royale des sciences*, année 1734

Éloge de Jean-Baptiste Deschiens de Ressons – *Histoire de l'Académie royale des sciences*, année 1735

Éloge de Joseph Saurin – *Histoire de l'Académie royale des sciences*, année 1737

Éloge de Herman Boërhaave – *Histoire de l'Académie royale des sciences*, année 1738

Éloge d'Eustachio Manfredi – *Histoire de l'Académie royale des sciences*, année 1739

Éloge de Charles-François de Cisternai du Fay – *Histoire de l'Académie royale des sciences*, année 1739

Table des matières

Structures éditoriales du groupe L'Harmattan

L'Harmattan Italie
Via degli Artisti, 15
10124 Torino
harmattan.italia@gmail.com

L'Harmattan Hongrie
Kossuth l. u. 14-16.
1053 Budapest
harmattan@harmattan.hu

L'Harmattan Sénégal
10 VDN en face Mermoz
BP 45034 Dakar-Fann
senharmattan@gmail.com

L'Harmattan Cameroun
TSINGA/FECAFOOT
BP 11486 Yaoundé
inkoukam@gmail.com

L'Harmattan Burkina Faso
Achille Somé – tengnule@hotmail.fr

L'Harmattan Guinée
Almamya, rue KA 028 OKB Agency
BP 3470 Conakry
harmattanguinee@yahoo.fr

L'Harmattan RDC
185, avenue Nyangwe
Commune de Lingwala – Kinshasa
matangilamusadila@yahoo.fr

L'Harmattan Congo
67, boulevard Denis-Sassou-N'Guesso
BP 2874 Brazzaville
harmattan.congo@yahoo.fr

L'Harmattan Mali
Sirakoro-Meguetana V31
Bamako
syllaka@yahoo.fr

L'Harmattan Togo
Djidjole – Lomé
Maison Amela
face EPP BATOME
ddamela@aol.com

L'Harmattan Côte d'Ivoire
Résidence Karl – Cité des Arts
Abidjan-Cocody
03 BP 1588 Abidjan
espace_harmattan.ci@hotmail.fr

L'Harmattan Algérie
22, rue Moulay-Mohamed
31000 Oran
info2@harmattan-algerie.com

L'Harmattan Maroc
5, rue Ferrane-Kouicha, Talaâ-Elkbira
Chrableyine, Fès-Médine
30000 Fès
harmattan.maroc@gmail.com

Nos librairies en France

Librairie internationale
16, rue des Écoles – 75005 Paris
librairie.internationale@harmattan.fr
01 40 46 79 11
www.librairieharmattan.com

Lib. sciences humaines & histoire
21, rue des Écoles – 75005 Paris
librairie.sh@harmattan.fr
01 46 34 13 71
www.librairieharmattansh.com

Librairie l'Espace Harmattan
21 bis, rue des Écoles – 75005 Paris
librairie.espace@harmattan.fr
01 43 29 49 42

Lib. Méditerranée & Moyen-Orient
7, rue des Carmes – 75005 Paris
librairie.mediterranee@harmattan.fr
01 43 29 71 15

Librairie Le Lucernaire
53, rue Notre-Dame-des-Champs – 75006 Paris
librairie@lucernaire.fr
01 42 22 67 13

www.ingramcontent.com/pod-product-compliance
Lightning Source LLC
LaVergne TN
LVHW021237061026
849535LV00008B/3106
* 9 7 8 2 3 4 3 1 9 8 0 1 9 *